세상이 변해도
배움의 즐거움은
변함없도록

시대는 빠르게 변해도
배움의 즐거움은
변함없어야 하기에

어제의 비상은
남다른 교재부터
결이 다른 콘텐츠
전에 없던 교육 플랫폼까지

변함없는 혁신으로
교육 문화 환경의 새로운 전형을
실현해왔습니다.

비상은 오늘, 다시 한번
새로운 교육 문화 환경을 실현하기 위한
또 하나의 혁신을 시작합니다.

오늘의 내가 어제의 나를 초월하고
오늘의 교육이 어제의 교육을 초월하여
배움의 즐거움을 지속하는 혁신,

바로, 메타인지 기반 완전 학습을.

상상을 실현하는 교육 문화 기업 비상

메타인지 기반 완전 학습

초월을 뜻하는 meta와 생각을 뜻하는 인지가 결합한 메타인지는
자신이 알고 모르는 것을 스스로 구분하고 학습계획을 세우도록 하는
궁극의 학습 능력입니다. 비상의 메타인지 기반 완전 학습 시스템은
잠들어 있는 메타인지를 깨워 공부를 100% 내 것으로 만들도록 합니다.

4주 완성
2-1 공부 계획표

계획표대로 공부하면 *4주* 만에 한 학기 내용을 완성할 수 있습니다. 4주 완성에 도전해 보세요.

1주

1. 세 자리 수			2. 여러 가지 도형	
1강 6~13쪽	**2강** 14~19쪽	**3강** 20~25쪽	**4강** 26~33쪽	**5강** 34~39쪽
확인 ☑	확인 ☑	확인 ☑	확인 ☑	확인 ☑

2주

2. 여러 가지 도형	3. 덧셈과 뺄셈			
6강 40~45쪽	**7강** 46~55쪽	**8강** 56~61쪽	**9강** 62~69쪽	**10강** 70~75쪽
확인 ☑	확인 ☑	확인 ☑	확인 ☑	확인 ☑

3주

4. 길이 재기			5. 분류하기	
11강 76~83쪽	**12강** 84~89쪽	**13강** 90~95쪽	**14강** 96~103쪽	**15강** 104~107쪽
확인 ☑	확인 ☑	확인 ☑	확인 ☑	확인 ☑

4주

5. 분류하기	6. 곱셈			
16강 108~113쪽	**17강** 114~119쪽	**18강** 120~125쪽	**19강** 126~129쪽	**20강** 130~135쪽
확인 ☑	확인 ☑	확인 ☑	확인 ☑	확인 ☑

4주 완성 도전!

칠교판 2. '여러 가지 도형'에서 사용하세요.

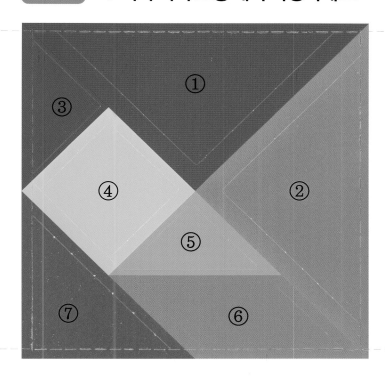 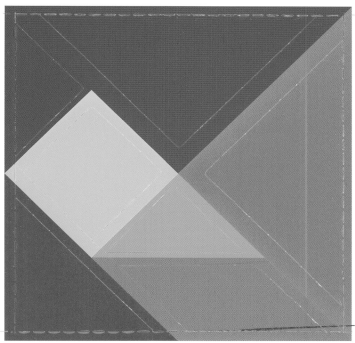

종이띠 4. '길이 재기' 에서 사용하세요.

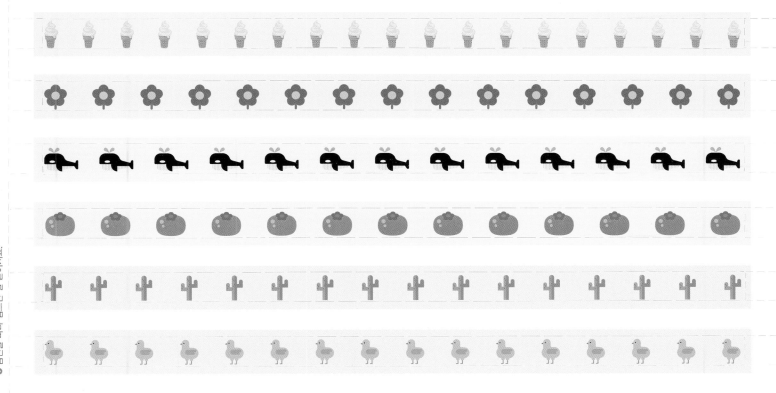

교과서 개념 잡기

초등 수학

2·1

교과서 개념

2 몇백을 알아볼까요

1 공책이 한 상자에 100권 또는 10권 들어 있습니다. 공책은 모두 몇 권인지 알아봅시다.

❶ 교과서 활동으로 개념을 쉽게 이해해요.

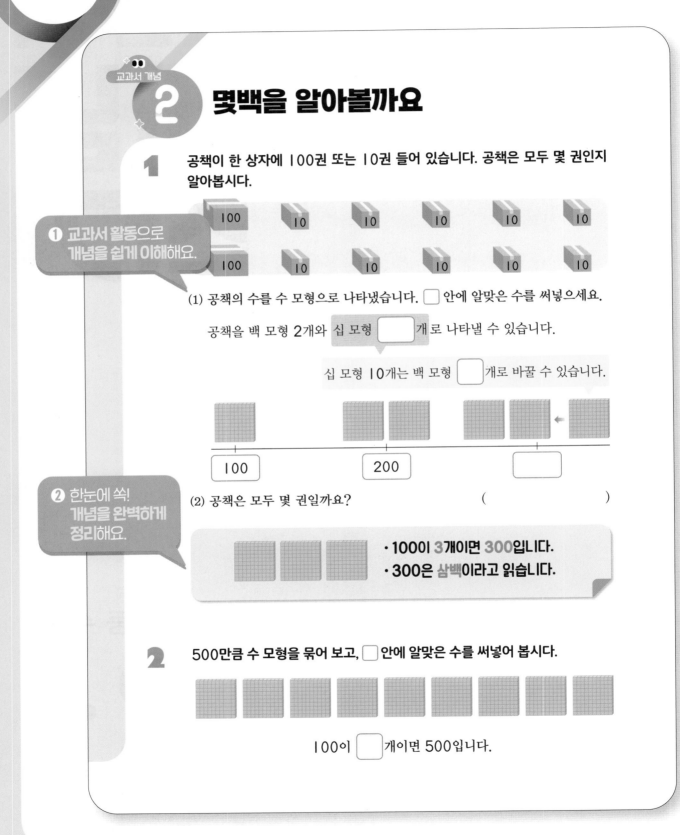

(1) 공책의 수를 수 모형으로 나타냈습니다. ☐ 안에 알맞은 수를 써넣으세요.

공책을 백 모형 **2**개와 십 모형 ☐ 개로 나타낼 수 있습니다.

십 모형 10개는 백 모형 ☐ 개로 바꿀 수 있습니다.

| 100 | | 200 | | ☐ |

❷ 한눈에 쏙! 개념을 완벽하게 정리해요.

(2) 공책은 모두 몇 권일까요? ( )

- 100이 **3**개이면 **300**입니다.
- **300**은 **삼백**이라고 읽습니다.

2 500만큼 수 모형을 묶어 보고, ☐ 안에 알맞은 수를 써넣어 봅시다.

100이 ☐ 개이면 500입니다.

수학 익힘 문제 학습

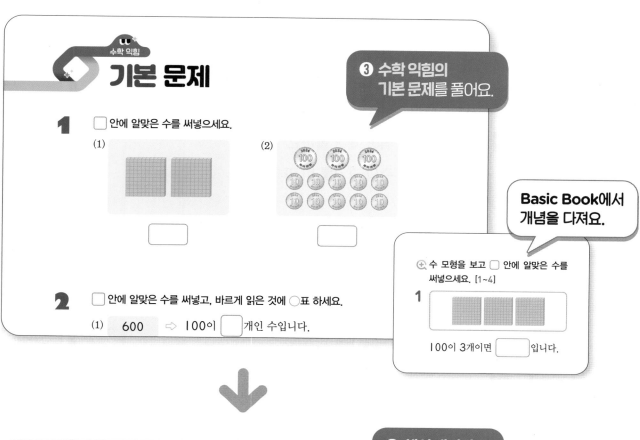

수학 익힘
기본 문제

❸ 수학 익힘의
기본 문제를 풀어요.

1 ☐ 안에 알맞은 수를 써넣으세요.

(1)

(2)

Basic Book에서
개념을 다져요.

➕ 수 모형을 보고 ☐ 안에 알맞은 수를
써넣으세요. [1~4]

1

100이 3개이면 ☐ 입니다.

2 ☐ 안에 알맞은 수를 써넣고, 바르게 읽은 것에 ◯표 하세요.

(1) **600** ➡ 100이 ☐ 개인 수입니다.

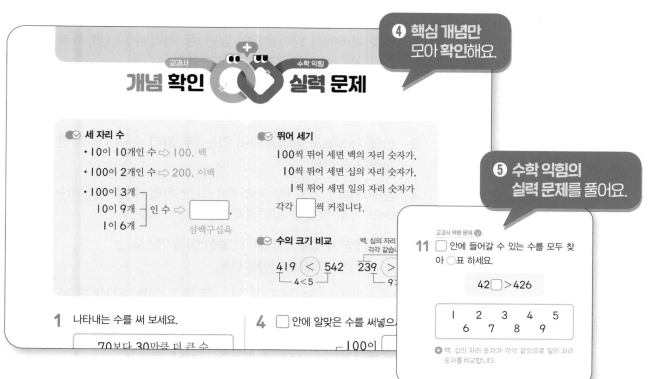

❹ 핵심 개념만
모아 확인해요.

교과서   수학 익힘
개념 확인   실력 문제

✅ 세 자리 수
• 10이 10개인 수 ➡ 100, 백
• 100이 2개인 수 ➡ 200, 이백
• 100이 3개
  10이 9개 ┃인 수 ➡ ☐
  1이 6개   삼백구십육

✅ 뛰어 세기
100씩 뛰어 세면 백의 자리 숫자가,
10씩 뛰어 세면 십의 자리 숫자가,
1씩 뛰어 세면 일의 자리 숫자가
각각 ☐ 씩 커집니다.

✅ 수의 크기 비교   백, 십의 자리
                        각각 같습니
419 〈 542   239 〉
└ 4<5 ┘   └ 9〉

❺ 수학 익힘의
실력 문제를 풀어요.

교과서 역량 문제 ⓐ
11 ☐ 안에 들어갈 수 있는 수를 모두 찾
아 ◯표 하세요.

42☐ > 426

| 1 | 2 | 3 | 4 | 5 |
| 6 | 7 | 8 | 9 | |

➕ 백, 십의 자리 숫자가 각각 같으므로 일의 자리
숫자를 비교합니다.

1 나타내는 수를 써 보세요.

70보다 30만큼 더 큰 수

4 ☐ 안에 알맞은 수를 써넣으

┌ 100이

차례

01

세 자리 수

세 자리 수를 배우기 전에 확인해요

10개씩 묶음 9개

90 　구십, 아흔

10개씩 묶음 8개

80 　팔십, 여든

- **90**은 **80**보다 **큽**니다.　→ **90 > 80**
- **80**은 **90**보다 **작습**니다.　→ **80 < 90**

10개씩 묶음 7개, 낱개 2개

72 　칠십이, 일흔둘

10개씩 묶음 7개, 낱개 4개

74 　칠십사, 일흔넷

- **74**는 **72**보다 **큽**니다.　→ **74 > 72**
- **72**는 **74**보다 **작습**니다.　→ **72 < 74**

백을 알아볼까요

1 지우개가 한 묶음에 10개씩 들어 있습니다.
지우개는 모두 몇 개인지 알아봅시다.

90개보다 많네! 어떻게 세지?

(1) 지우개의 수를 수 모형으로 나타냈습니다. ☐ 안에 알맞은 수를 써넣으세요.

지우개를 십 모형 9개와 일 모형 ☐ 개로 나타낼 수 있습니다.

지우개 한 묶음
= 십 모형 1개

일 모형 10개는 십 모형 ☐ 개로 바꿀 수 있습니다.

| 10 | | 30 | 40 | 50 | | 70 | 80 | 90 | |

(2) 지우개는 모두 몇 개일까요? (   )

· 10이 10개이면 100입니다.
· 100은 백이라고 읽습니다.

2 100을 알아보려고 합니다. ☐ 안에 알맞은 수를 써넣어 봅시다.

(1) 90보다 10만큼 더 큰 수는 ☐ 입니다.

(2) 99보다 ☐ 만큼 더 큰 수는 100입니다.

기본 문제

1 수 모형을 보고 ☐ 안에 알맞은 수를 써넣으세요.

(1)
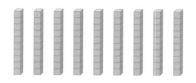

십 모형	일 모형
☐ 개	☐ 개

90

(2)
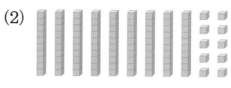

십 모형	일 모형
9개	☐ 개

☐

(3)
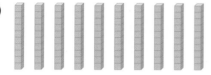

십 모형	일 모형
☐ 개	☐ 개

☐

(4)

백 모형	십 모형	일 모형
☐ 개	0개	☐ 개

☐

2 ☐ 안에 알맞은 수를 써넣으세요.

(1)

94 95 ☐ 97 ☐ 99 ☐

(2)

40 ☐ 60 ☐ 80 90 ☐

모총해 봐!
Basic
Book
2쪽

1. 세 자리 수 **9**

2 몇백을 알아볼까요

1 공책이 한 상자에 100권 또는 10권 들어 있습니다. 공책은 모두 몇 권인지 알아봅시다.

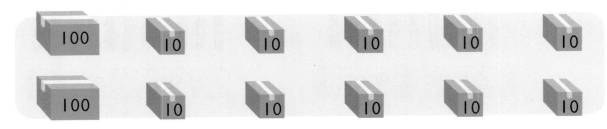

(1) 공책의 수를 수 모형으로 나타냈습니다. ☐ 안에 알맞은 수를 써넣으세요.

공책을 백 모형 2개와 십 모형 ☐ 개로 나타낼 수 있습니다.

십 모형 10개는 백 모형 ☐ 개로 바꿀 수 있습니다.

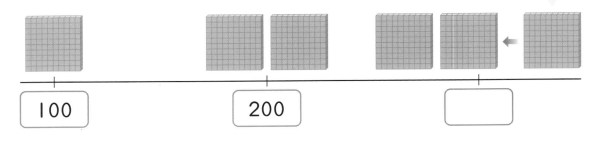

| 100 | | 200 | | ☐ |

(2) 공책은 모두 몇 권일까요? (   )

· 100이 **3**개이면 **300**입니다.
· **300**은 **삼백**이라고 읽습니다.

2 500만큼 수 모형을 묶어 보고, ☐ 안에 알맞은 수를 써넣어 봅시다.

100이 ☐ 개이면 500입니다.

▶ 정답과 풀이 **2**쪽

1 ☐ 안에 알맞은 수를 써넣으세요.

(1)
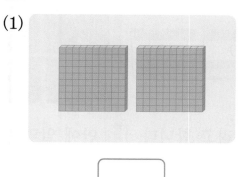

☐

(2)

☐

2 ☐ 안에 알맞은 수를 써넣고, 바르게 읽은 것에 ◯표 하세요.

(1) 600 ⇨ 100이 ☐ 개인 수입니다.

읽기 (육백 , 칠백)

(2) 900 ⇨ 100이 ☐ 개인 수입니다.

읽기 (오백 , 구백)

3 보기 에서 알맞은 수를 골라 ☐ 안에 써넣으세요.

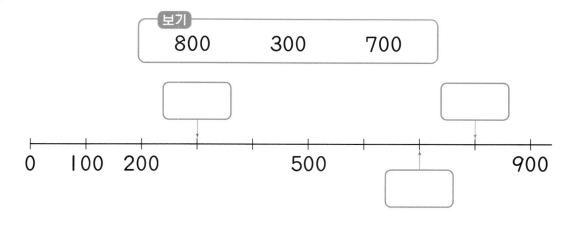

1. 세 자리 수 **11**

③ 세 자리 수를 알아볼까요

1 색종이는 모두 몇 장인지 알아봅시다.

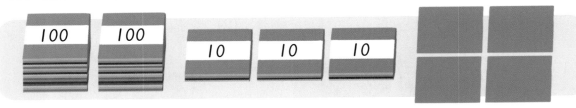

(1) 색종이의 수를 수 모형으로 나타내려고 합니다. ☐ 안에 알맞은 수를 써 넣으세요.

백 모형	십 모형	일 모형
100이 ☐ 개	10이 ☐ 개	1이 ☐ 개

(2) 색종이는 모두 몇 장일까요? ( )

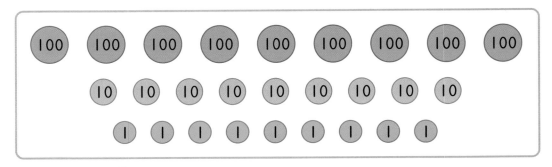

100이 **2**개, 10이 **3**개, 1이 **4**개이면

234이고, 이백삼십사라고 읽습니다.

2 457만큼 묶어 보고, ☐ 안에 알맞은 수를 써넣어 봅시다.

| 100 | 100 | 100 | 100 | 100 | 100 | 100 | 100 | 100 |

| 10 | 10 | 10 | 10 | 10 | 10 | 10 | 10 | 10 |

| 1 | 1 | 1 | 1 | 1 | 1 | 1 | 1 | 1 |

⇨ 457은 100이 ☐ 개, 10이 ☐ 개, 1이 ☐ 개인 수입니다.

1 수 모형을 보고 ☐ 안에 알맞은 수나 말을 써넣으세요.

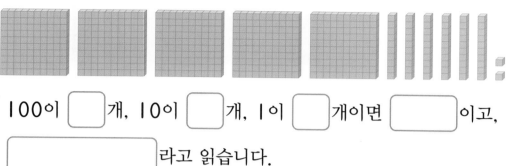

100이 ☐ 개, 10이 ☐ 개, 1이 ☐ 개이면 ☐ 이고,

☐ 라고 읽습니다.

2 수를 바르게 읽은 것을 찾아 선으로 이어 보세요.

397 ·   · 구백칠십삼

739 ·   · 삼백구십칠

973 ·   · 칠백삼십구

3 다음이 나타내는 수를 써 보세요.

100이 8개, 10이 1개인 수, 1이 0개인 수

(   )

4 연필은 모두 몇 자루일까요?

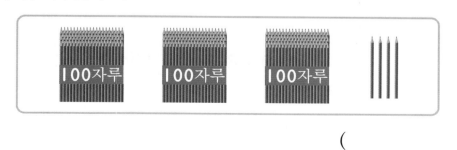

100자루   100자루   100자루

(   )

보충해 봐!
Basic
Book
4쪽

1. 세 자리 수 **13**

4 각 자리의 숫자는 얼마를 나타낼까요

1 343에서 각 자리의 숫자 3, 4, 3이 각각 얼마를 나타내는지 알아봅시다.

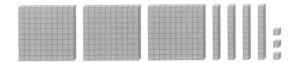

(1) 343에서 3은 [   ]을 나타냅니다.

(2) 343에서 4는 [   ]을 나타냅니다.

(3) 343에서 3은 [   ]을 나타냅니다.

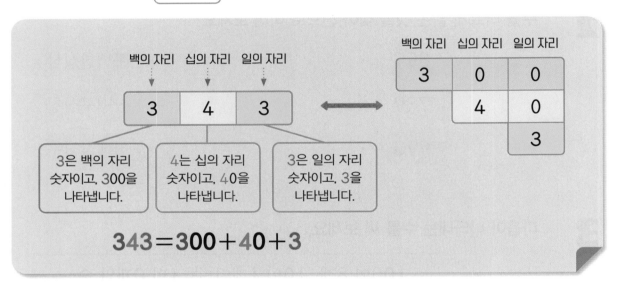

2 865에서 각 자리의 숫자 8, 6, 5가 각각 얼마를 나타내는지 알아봅시다.

	백의 자리	십의 자리	일의 자리
각 자리의 숫자	8	[ ]	5
나타내는 수	100이 8개 ⇩ 800	10이 [ ]개 ⇩ 60	1이 [ ]개 ⇩ [ ]

$$\boxed{8\ 6\ 5} = \boxed{800} + \boxed{} + \boxed{}$$

1 736만큼 색칠하고, ☐ 안에 알맞은 수를 써넣으세요.

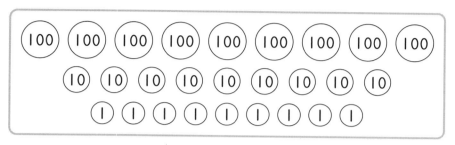

736 = ☐ + ☐ + ☐

2 수를 보고 ☐ 안에 알맞은 수를 써넣으세요.

592

(1) 백의 자리 숫자: ☐ ⇨ ☐ 을/를 나타냅니다.

(2) 십의 자리 숫자: ☐ ⇨ ☐ 을/를 나타냅니다.

(3) 일의 자리 숫자: ☐ ⇨ ☐ 을/를 나타냅니다.

3 밑줄 친 숫자가 얼마를 나타내는지 수 모형에서 찾아 ◯표 하세요.

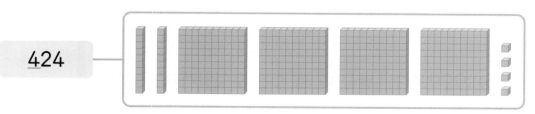

4<u>2</u>4

5 뛰어 세어 볼까요

1 수의 순서를 생각하며 빈칸에 알맞은 수를 써넣어 봅시다.

1씩 커집니다.

10씩 커집니다.

981	982	983	984	985	986	987	988	989	
991	992		994			997			1000

2 100, 10, 1씩 뛰어 세어 봅시다.

(1) 100씩 뛰어 세어 보세요.

100 200 300 ☐ 500 600 ☐ 800 ☐

⇨ 백의 자리 숫자가 ☐씩 커집니다.

(2) 10씩 뛰어 세어 보세요.

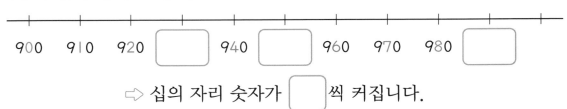

900 910 920 ☐ 940 ☐ 960 970 980 ☐

⇨ 십의 자리 숫자가 ☐씩 커집니다.

(3) 1씩 뛰어 세어 보세요.

990 991 ☐ 993 ☐ 995 996 997 ☐ 999 1000

⇨ 일의 자리 숫자가 ☐씩 커집니다.

(4) 999보다 1만큼 더 큰 수는 무엇일까요?　　　　　(　　　　　　　　　　)

> · 999보다 1만큼 더 큰 수는 **1000**입니다.
> · 1000은 **천**이라고 읽습니다.

기본 문제

▶ 정답과 풀이 3쪽

1 빈칸에 알맞은 수를 써넣으세요.

(1) 100씩 뛰어 세어 보세요.

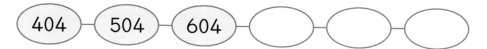

(2) 10씩 뛰어 세어 보세요.

(3) 1씩 뛰어 세어 보세요.

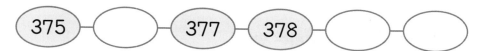

2 몇씩 뛰어 세었는지 알아보세요.

(1)

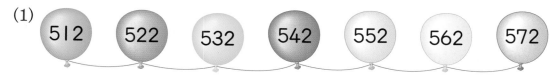

⇨ ☐씩 뛰어 세었습니다.

(2)

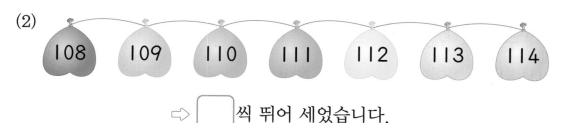

⇨ ☐씩 뛰어 세었습니다.

(3)

⇨ ☐씩 뛰어 세었습니다.

보충해 봐!
Basic Book
6쪽

6 수의 크기를 비교해 볼까요

1 두 수 361과 365의 크기를 비교하려고 합니다. 알맞은 말에 ○표 하고, ○ 안에 > 또는 < 를 알맞게 써넣어 봅시다.

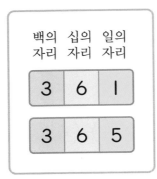

백의 자리	십의 자리	일의 자리
3	6	1
3	6	5

(1) 백의 자리 숫자가 (같습니다 , 다릅니다).

(2) 십의 자리 숫자가 (같습니다 , 다릅니다).

(3) 일의 자리 숫자가 (같습니다 , 다릅니다).

(4) 361은 365보다 (큰 , 작은) 수입니다.

⇨ 361 ◯ 365

◆ **두 수의 크기를 비교하는 방법**

백의 자리 숫자가 큰 수가 더 큰 수 입니다.	⇨	백의 자리 숫자가 같으면 십의 자리 숫자가 큰 수가 더 큰 수입니다.	⇨	백, 십의 자리 숫자가 각각 같으면 일의 자리 숫자가 큰 수가 더 큰 수입니다.
785>614 ⌞7>6⌟		529<540 ⌞2<4⌟		248>243 ⌞8>3⌟

2 세 수 894, 930, 913의 크기를 비교해 봅시다.

(1) 빈칸에 알맞은 수를 써넣으세요.

	백의 자리	십의 자리	일의 자리
894 ⇨	8	9	4
930 ⇨	9		
913 ⇨	9		

(2) 가장 작은 수와 가장 큰 수는 각각 얼마일까요?

가장 작은 수 (   ), 가장 큰 수 (   )

기본 문제

1 빈칸에 알맞은 수를 써넣고, 두 수의 크기를 비교하여 ◯ 안에 > 또는 < 를 알맞게 써넣으세요.

	백의 자리	십의 자리	일의 자리
425 ⇨	4		
453 ⇨	4		

425 ◯ 453

2 두 수의 크기를 비교하여 ◯ 안에 > 또는 < 를 알맞게 써넣으세요.

(1) 284 ◯ 531

(2) 670 ◯ 608

(3) 136 ◯ 139

(4) 725 ◯ 724

3 수의 크기를 비교하여 가장 작은 수에는 빨간색, 가장 큰 수에는 파란색을 칠해 보세요.

(1)
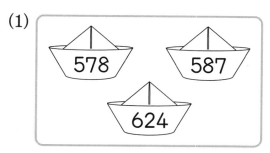

(2)
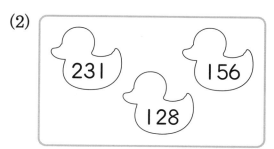

보충해 봐!
Basic Book
7쪽

1. 세 자리 수 **19**

✅ 세 자리 수

- 10이 10개인 수 ⇨ 100, 백
- 100이 2개인 수 ⇨ 200, 이백
- 100이 3개 ┐
  10이 9개 ┤ 인 수 ⇨ [ㅤ], 삼백구십육
  1이 6개 ┘

✅ 뛰어 세기

100씩 뛰어 세면 백의 자리 숫자가,

10씩 뛰어 세면 십의 자리 숫자가,

1씩 뛰어 세면 일의 자리 숫자가

각각 [ㅤ]씩 커집니다.

✅ 수의 크기 비교

백, 십의 자리 숫자가 각각 같습니다.

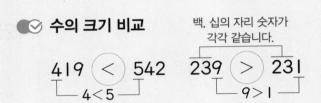

419 $<$ 542
└ 4<5 ┘

239 $>$ 231
└ 9>1 ┘

---

1 나타내는 수를 써 보세요.

> 70보다 30만큼 더 큰 수

(ㅤ)

2 수를 바르게 읽은 것에 ○표 하세요.

904

(구백영사 , 구백사)

3 밑줄 친 숫자는 얼마를 나타내는지 써 보세요.

(1) 25<u>6</u> ⇨ (ㅤ)

(2) <u>3</u>70 ⇨ (ㅤ)

4 [ ] 안에 알맞은 수를 써넣으세요.

827은 ┌ 100이 [ ]개
      ├ 10이 [ ]개
      └ 1이 [ ]개

⇨ 827 = [ ] + [ ] + [ ]

5 두 수의 크기를 비교하여 ○ 안에 > 또는 < 를 알맞게 써넣으세요.

483 ◯ 462

▶ 정답과 풀이 **4**쪽

6 색연필은 모두 몇 자루일까요?

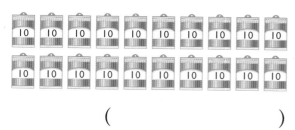

(   )

7 빈칸에 알맞은 수를 써넣고, 몇씩 뛰어 세었는지 알아보세요.

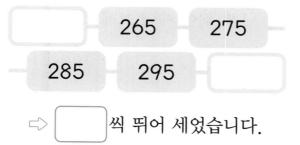

⇨ ☐ 씩 뛰어 세었습니다.

8 수 배열표를 보고 물음에 답하세요.

761	762	763	764	765
771	772	773	774	775
781	782	783	784	785
791	792	793	794	795
801	802	803	804	805

(1) 십의 자리 숫자가 0인 수를 모두 찾아 파란색으로 칠해 보세요.

(2) 일의 자리 숫자가 2인 수를 모두 찾아 빨간색으로 칠해 보세요.

9 650에서 출발해서 100씩 거꾸로 뛰어 세어 보세요.

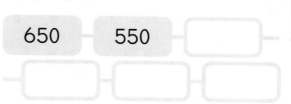

10 수 모형을 보고 알맞은 것을 찾아 기호를 써 보세요.

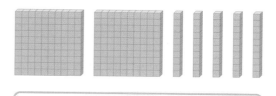

> ㉠ 200보다 작습니다.
> ㉡ 200보다 크고 300보다 작습니다.
> ㉢ 300보다 큽니다.

(   )

교과서 역량 문제 💡

11 ☐ 안에 들어갈 수 있는 수를 모두 찾아 ◯표 하세요.

$$42\ ☐ > 426$$

1	2	3	4	5
	6	7	8	9

➕ 백, 십의 자리 숫자가 각각 같으므로 일의 자리 숫자를 비교합니다.

1 ☐ 안에 알맞은 수를 써넣으세요.

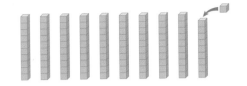

> 99보다 1만큼 더 큰 수는
> ☐ 입니다.

2 관계있는 것끼리 선으로 이어 보세요.

400 · · 100이 7개 · · 팔백

700 · · 100이 4개 · · 사백

800 · · 100이 8개 · · 칠백

3 수 모형이 나타내는 수를 써 보세요.

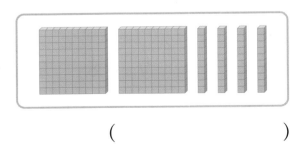

(   )

4 수를 바르게 읽은 것을 찾아 ○표 하세요.

500

(오십 , 오영영 , 오백)

5 1씩 뛰어 세어 보세요.

997 ☐ 999 ☐

6 두 수의 크기를 비교하여 ○ 안에 > 또는 <를 알맞게 써넣으세요.

315 ◯ 310

7 ☐ 안에 알맞은 수를 써넣으세요.

20   40   60   80 ☐

◐ 정답과 풀이 **4**쪽

점수 [   ] 확인 [   ]

8 수로 나타내 보세요.

삼백구 [   ]

9 빈칸에 알맞은 수를 써넣으세요.

401	402			405
406		408	409	
	412	413		

10 ☐ 안에 알맞은 수를 써넣으세요.

714는
┌ 100이 ☐ 개
├ 10이 ☐ 개
└ 1이 ☐ 개

11 몇씩 뛰어 세었는지 알아보세요.

357 457 557
657 757 857

(   )

12 밑줄 친 숫자는 얼마를 나타내는지 써 보세요.

41<u>9</u>

(   )

잘 틀리는 문제 🔍
13 나타내는 수를 써 보세요.

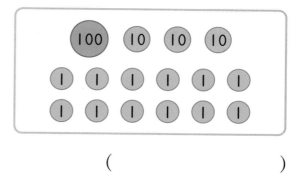

(   )

14 945에서 출발해서 10씩 거꾸로 뛰어 세어 보세요.

945

15 백의 자리 숫자가 5인 수를 찾아 써 보세요.

598 652 735

(   )

16 숫자 8이 나타내는 수가 더 큰 수에
○표 하세요.

983	860
( )	( )

잘 틀리는 문제 🔍

17 가장 큰 수를 찾아 써 보세요.

265	306	312

(   )

18 ☐ 안에 들어갈 수 있는 수를 모두
찾아 ○표 하세요.

68☐ < 684

1	2	3	4	5
6	7	8	9	

19 밤이 한 상자에 100개씩 들어 있습
니다. 밤은 모두 몇 개인지 풀이 과
정을 쓰고 답을 구해 보세요.

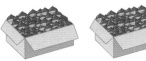

❶ 밤이 100개씩 몇 상자 있는지 구하기

풀이 _____

❷ 밤은 모두 몇 개인지 구하기

풀이 _____

답 _____

20 ♥에 알맞은 수는 얼마인지 풀이 과
정을 쓰고 답을 구해 보세요.

236	246	256	

❶ 뛰어 센 규칙 찾기

풀이 _____

❷ ♥에 알맞은 수 구하기

풀이 _____

답 _____

▶ 정답 5쪽

가상 도시 분석가

가상 도시 분석가는 미래 도시의 도로, 건물, 전기 등에 필요한 인터넷 기술이
잘 관리되고 있는지 살펴보는 일을 해요. 복잡한 문제를 새로운 생각으로
잘 해결할 수 있는 사람, 계획을 잘 세울 수 있는 사람에게 꼭 맞는 직업이에요!

◉ 그림에서 당근, 붓, 야구공, 컵을 찾아보세요.

2

여러 가지
도형

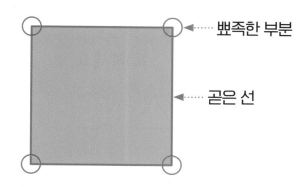

- **뽀족한 부분**이 **네 군데** 있습니다.
- 곧은 선이 있습니다.

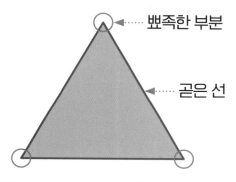

- **뽀족한 부분**이 **세 군데** 있습니다.
- 곧은 선이 있습니다.

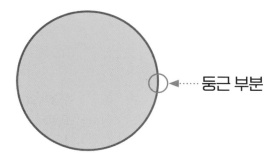

- 뽀족한 부분 대신에 **둥근 부분이 있습니다.**
- 곧은 선이 없습니다.

△을 알아보고 찾아볼까요

1 △ 모양을 알아봅시다.

(1) △ 모양을 모두 찾아 ○표 하세요.

(2) 위 (1)에서 찾은 △ 모양끼리 같은 점을 알아보세요.

곧은 선이 □개 있고, 뾰족한 곳이 □개 있습니다.

그림과 같은 모양의 도형을 **삼각형**이라고 합니다.

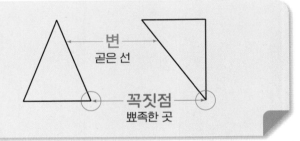

변
곧은 선

꼭짓점
뾰족한 곳

2 삼각형을 알아봅시다.

삼각형은 변이 □개, 꼭짓점이 □개입니다.

3 삼각형을 여러 가지 방법으로 그려 보려고 합니다. 삼각형의 나머지 부분을 그려 봅시다.

방법 1

3개의 점을 선택하고, 곧은 선 3개로 이어 그립니다.

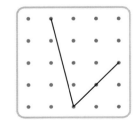

방법 2

모눈종이 위의 3개의 점 또는 삼각형 모양의 3개의 선을 선택하여 그립니다.

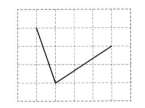

방법 3

모양 자를 대고 삼각형 틀 안에 연필을 넣어 그립니다.

1 삼각형 모양의 물건에 ○표 하세요.

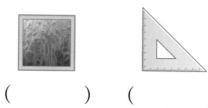

(   ) (   )

2 단원 / 4강

2 삼각형을 찾아 선을 따라 그려 보세요.

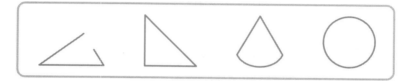

3 ☐ 안에 알맞은 말을 써넣으세요.

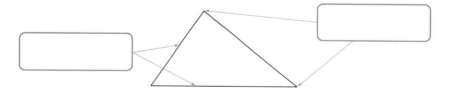

4 삼각형을 완성해 보세요.

(1)

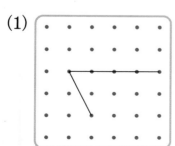

(2)

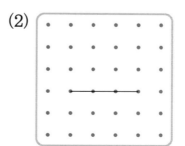

보충해 봐! Basic Book **8**쪽

2 □을 알아보고 찾아볼까요

1 □ **모양을 알아봅시다.**

(1) □ 모양을 모두 찾아 ◯표 하세요.

(2) 위 (1)에서 찾은 □ 모양끼리 같은 점을 알아보세요.

> 곧은 선이 ☐개 있고, 뾰족한 곳이 ☐개 있습니다.

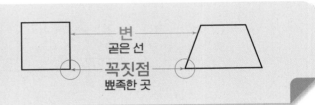

그림과 같은 모양의 도형을 **사각형**이라고 합니다.

변
곧은 선
꼭짓점
뾰족한 곳

2 **사각형을 알아봅시다.**

> 사각형은 변이 ☐개, 꼭짓점이 ☐개입니다.

3 **사각형을 여러 가지 방법으로 그려 보려고 합니다. 사각형의 나머지 부분을 그려 봅시다.**

방법 ①

4개의 점을 선택하고, 곧은 선 4개로 이어 그립니다.

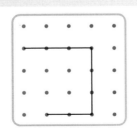

방법 ②

모눈종이 위의 4개의 점 또는 사각형 모양의 4개의 선을 선택하여 그립니다.

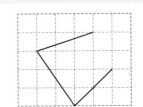

방법 ③

모양 자를 대고 사각형 틀 안에 연필을 넣어 그립니다.

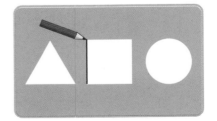

기본 문제

▶ 정답과 풀이 **6**쪽

2
단원

4강

1 사각형 모양의 물건에 ◯표 하세요.

(   )   (   )

2 사각형을 찾아 선을 따라 그려 보세요.

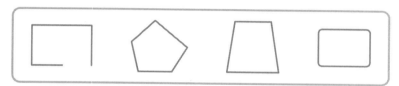

3 ☐ 안에 알맞은 말을 써넣으세요.

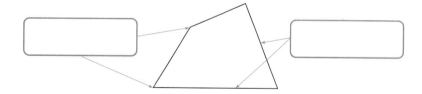

4 사각형을 완성해 보세요.

(1) 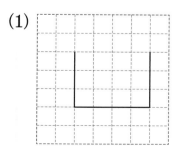   (2)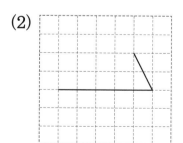

보충해 봐!
Basic
Book
9쪽

3 ○을 알아보고 찾아볼까요

1 ○ 모양을 알아봅시다.

(1) ○ 모양을 모두 찾아 ○표 하세요.

(2) 위 (1)에서 찾은 ○ 모양끼리 같은 점을 알아보세요.

곧은 선이 (있고 , 없고), 뾰족한 부분이 (있습니다 , 없습니다).

그림과 같은 모양의 도형을 **원**이라고 합니다.

굽은 선으로 이어져 있습니다.

2 원을 알아봅시다.

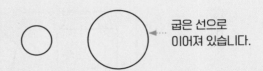

(1) 크기는 다르지만 모양은 모두 (같습니다 , 다릅니다).

(2) 어느 곳에서 보아도 완전히 (네모난 , 동그란) 모양입니다.

3 원을 여러 가지 방법으로 그려 봅시다.

방법 ①

본뜨려는 물체가 움직이지 않도록 하고 연필과 물건의 끝을 잘 맞추어서 그립니다. 원을 그리기 시작하는 점과 끝나는 점이 잘 만나게 그립니다.

방법 ②

모양 자를 종이 위에 고정하여 누르고, 테두리를 따라 바깥쪽으로 힘을 주어 그립니다.

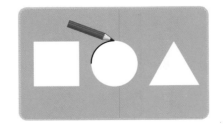

1 원 모양의 물건에 ◯표 하세요.

(   )   (   )

2 단원
4강

2 원을 찾아 선을 따라 그려 보세요.

3 원에 대해 바르게 말한 사람에 ◯표 하세요.

모든 원은 크기가 같아.

모든 원은 모양이 같아.

(   )   (   )

4 주변의 물건이나 모양 자를 이용하여 크기가 다른 원을 2개 그려 보세요.

보충해 봐!
Basic Book
10쪽

칠교판으로 모양을 만들어 볼까요

1 칠교판을 알아봅시다.

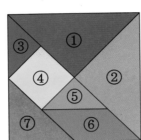

(1) 칠교 조각은 모두 ☐ 개입니다.

(2) 칠교 조각에서 삼각형과 사각형을 찾아 각각 번호를 써 보세요.

삼각형	사각형

2 주어진 칠교 조각을 모두 이용하여 모양을 만들어 보세요. 활동지

(1)

(2)

삼각형

사각형

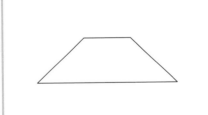

3  를 모두 이용하여 다른 칠교 조각을 만들어 보세요. 활동지

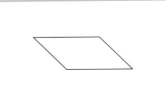

기본 문제

1 칠교 조각이 삼각형 모양이면 빨간색, 사각형 모양이면 파란색으로 칠해 보세요.

2 칠교 조각에 대해 바르게 말한 사람에 ◯표 하세요.

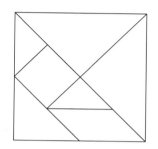

칠교 조각 중 삼각형은 3개야.

칠교 조각 중 사각형은 2개야.

(   )   (   )

3 주어진 칠교 조각을 모두 이용하여 모양을 만들어 보세요.

(1)

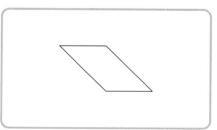

(2)

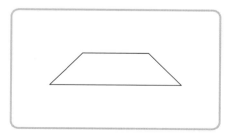

보충해 봐!
Basic Book
11쪽

5 쌓은 모양을 알아볼까요

1 쌓기나무로 높이 쌓는 방법을 알아봅시다.

(1) 쌓기나무는 (둥근 , 상자) 모양입니다.

(2) 쌓기나무를 높이 쌓으려면 면과 면을 맞대어 (반듯하게 맞춰 , 반듯하지 않게) 쌓습니다.

2 설명에 맞게 쌓기나무를 쌓으려고 합니다. 알맞은 모양에 ○표 해 봅시다.

- 내 앞에 있는 쪽이 앞쪽,
  반대쪽이 뒤쪽입니다.
- 오른손이 있는 쪽이 오른쪽,
  왼손이 있는 쪽이 왼쪽입니다.

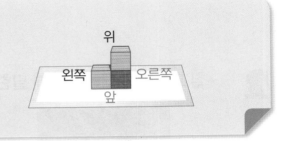

빨간색 쌓기나무를 1개 놓습니다.	오른쪽 / 앞

빨간색 쌓기나무 왼쪽에 쌓기나무를 1개 놓습니다.	오른쪽 / 앞 ( ) 오른쪽 / 앞 ( )

빨간색 쌓기나무 위에 쌓기나무를 1개 놓습니다.	오른쪽 / 앞 ( ) 오른쪽 / 앞 ( )

기본 문제

1 은희와 정우가 쌓기나무로 높이 쌓기 놀이를 하고 있습니다. 더 높이 쌓을 수 있는 사람은 누구일까요?

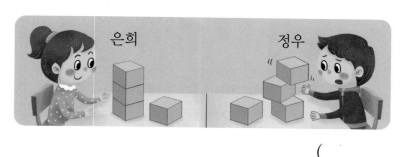

(   )

2 설명하는 쌓기나무를 찾아 ◯표 하세요.

(1)
> 빨간색 쌓기나무
> 왼쪽에 있는 쌓기나무

(2)
> 빨간색 쌓기나무
> 뒤에 있는 쌓기나무

3 설명대로 쌓은 모양에 ◯표 하세요.

> 빨간색 쌓기나무가 **1**개 있고, 빨간색 쌓기나무 오른쪽과 위에 쌓기나무가 각각 **1**개씩 있습니다.

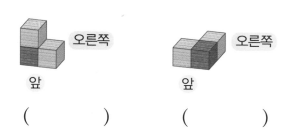

(   )   (   )

보충해 봐!
Basic Book
12쪽

6 여러 가지 모양으로 쌓아 볼까요

1 민우와 정원이가 쌓기나무 4개로 각각 집 모양을 만들었습니다. 민우와 정원이가 만든 모양을 설명해 봅시다.

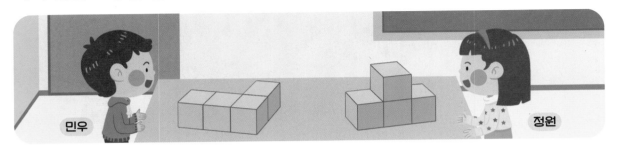

(1) 민우가 만든 모양을 설명한 것입니다. 알맞은 말에 ◯표 하세요.

> 쌓기나무 **3**개가 옆으로 나란히 있고,
> 맨 오른쪽 쌓기나무 (앞 , 뒤)에 쌓기나무 **I**개가 있습니다.

(2) 정원이가 만든 모양을 설명한 것입니다. 알맞은 말에 ◯표 하세요.

> 쌓기나무 **3**개가 **I**층에 옆으로 나란히 있고,
> 가운데 쌓기나무 (위 , 뒤)에 쌓기나무 **I**개가 있습니다.

(3) 민우와 정원이가 만든 집 모양을 보고 알맞은 말과 수에 ◯표 하세요.

> • 쌓기나무를 쌓은 모양이 (같습니다 , 다릅니다).
> • 민우가 만든 집은 (**I** , **2**)층이고, 정원이가 만든 집은 (**I** , **2**)층입니다.

▶ 정답과 풀이 **7**쪽

1 쌓기나무 4개로 만든 모양에 ◯표 하세요.

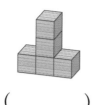

(   ) (   )

2 쌓기나무로 쌓은 모양에 대한 설명입니다. 알맞은 말과 수에 ◯표 하세요.

쌓기나무 **3**개가 **l**층에 옆으로 나란히 있고, 맨 (왼쪽 , 오른쪽) 쌓기나무 위에 쌓기나무 (**l** , **2**)개가 있습니다.

3 설명대로 쌓은 모양을 찾아 선으로 이어 보세요.

쌓기나무 **3**개가 옆으로 나란히 있습니다. •

쌓기나무 **2**개가 **l**층에 옆으로 나란히 있고, 왼쪽 쌓기나무 위에 쌓기나무 **l**개가 있습니다. •

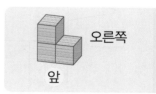 •

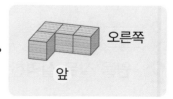 •

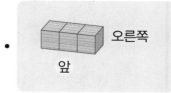 •

보충해 봐! **Basic Book** 13쪽

개념 확인 ✛ 실력 문제

✓ 삼각형

변이 3개,
꼭짓점이 3개

✓ 사각형

변이 4개,
꼭짓점이 □개

✓ 원

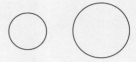

어느 곳에서 보아도
동그란 모양

✓ 쌓은 모양 설명하기

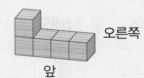

오른쪽

앞

- 사용한 쌓기나무의 수는 1층에 4개,
  2층에 1개로 모두 4＋1＝5(개)입니다.
- 쌓기나무 4개가 1층에 옆으로 나란히 있고,
  맨 왼쪽 쌓기나무 위에 쌓기나무 1개가 있습니다.

---

1 원을 모두 찾아 색칠해 보세요.

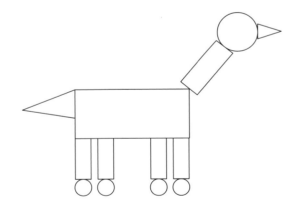

2 원을 잘못 설명한 것에 ✕표 하세요.

| 굽은 선으로 이어져 있습니다. | (　　) |
| 뾰족한 부분이 있습니다. | (　　) |

3 사각형을 1개 그려 보세요.

4 삼각형과 사각형의 같은 점을 찾아 기호를 써 보세요.

> ㉠ 변의 수가 4개입니다.
> ㉡ 곧은 선으로 둘러싸여 있습니다.
> ㉢ 굽은 선이 있습니다.

(　　　　　　　　)

▶ 정답과 풀이 **8**쪽

5 쌓기나무로 쌓은 모양에 대한 설명입니다. 보기 에서 알맞은 말과 수를 찾아 □ 안에 써넣으세요.

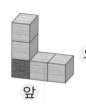

오른쪽

앞

보기
왼쪽, 오른쪽,
1, 2

빨간색 쌓기나무가 **1**개 있고, 그 □ 에 쌓기나무 **2**개가 있습니다. 그리고 빨간색 쌓기나무 위에 쌓기나무 □ 개가 있습니다.

6 칠교 조각에 대해 바르게 설명한 것을 찾아 기호를 써 보세요.

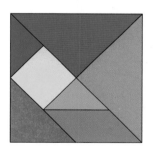

ⓒ 칠교 조각에는 원이 있습니다.
ⓒ 칠교 조각 중 크기가 가장 큰 조각은 사각형입니다.
ⓒ 칠교 조각 중 사각형은 **2**개입니다.

( )

7 왼쪽 모양에서 쌓기나무 **1**개를 옮겨 오른쪽과 똑같은 모양을 만들려고 합니다. 옮겨야 할 쌓기나무를 찾아 ○표 하세요.

2
단원
6강

8 주어진 칠교 조각을 모두 이용하여 사각형을 만들어 보세요. 활동지

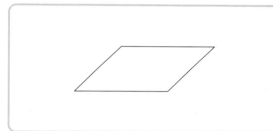

교과서 역량 문제 💡

9 쌓기나무로 쌓은 모양에 대한 설명입니다. 틀린 부분을 찾아 바르게 고쳐 보세요.

오른쪽

앞

쌓기나무 **2**개가 **1**층에 옆으로 나란히 있고, 왼쪽 쌓기나무 위에 쌓기나무 **1**개가 있습니다.

➕ 쌓기나무를 쌓은 방향과 개수를 살펴봅니다.

단원 마무리

🔍 도형을 보고 물음에 답하세요. [1~3]

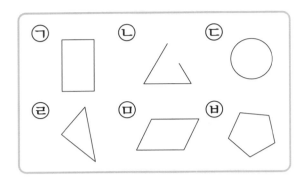

1 원을 찾아 기호를 써 보세요.

( )

2 삼각형을 찾아 기호를 써 보세요.

( )

3 사각형을 모두 찾아 기호를 써 보세요.

( )

4 사각형의 변과 꼭짓점은 각각 몇 개일까요?

변 ( ), 꼭짓점 ( )

5 삼각형을 모두 찾아 색칠해 보세요.

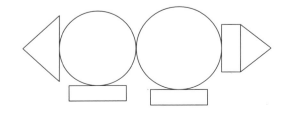

6 빨간색 쌓기나무의 왼쪽에 있는 쌓기나무에 ◯표 하세요.

7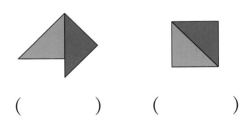

사각형을 바르게 만든 것에 ◯표 하세요.

( ) ( )

8 삼각형을 1개 그려 보세요.

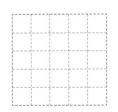

9 설명대로 쌓은 모양에 ◯표 하세요.

> 빨간색 쌓기나무 왼쪽과 오른쪽에 쌓기나무가 1개씩 있습니다.

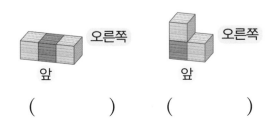

( ) ( )

◎ 정답과 풀이 8쪽

10 쌓기나무 5개로 만든 모양의 기호를 써 보세요.

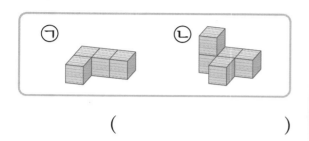

( )

11 쌓기나무로 쌓은 모양을 보고 알맞은 수에 ◯표 하세요.

쌓기나무 **3**개가 옆으로 나란히 있고, 가운데 쌓기나무와 맨 오른쪽 쌓기나무 앞에 쌓기나무가 각각 (1 , 2)개씩 있습니다.

12 원에 대한 설명으로 틀린 것을 찾아 기호를 써 보세요.

⊙ 어느 곳에서 보아도 똑같이 동그란 모양입니다.
ⓒ 곧은 선이 있습니다.
ⓒ 크기는 다르지만 생긴 모양은 같습니다.

( )

13 설명대로 쌓은 모양에 ◯표 하세요.

쌓기나무 **2**개가 옆으로 나란히 있고, 왼쪽 쌓기나무 앞에 쌓기나무 **1**개가 있습니다.

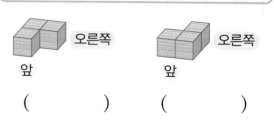

( ) ( )

14 칠교 조각을 이용하여 만든 모양입니다. 이용한 삼각형과 사각형 조각은 각각 몇 개일까요?

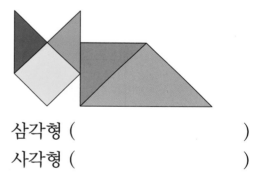

삼각형 ( )
사각형 ( )

15 주어진 칠교 조각을 모두 이용하여 사각형을 만들어 보세요.

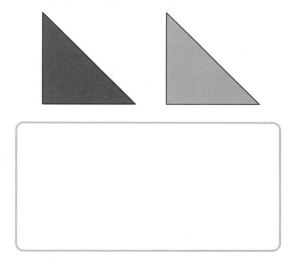

16 왼쪽 모양에서 쌓기나무 1개를 옮겨 오른쪽과 똑같은 모양을 만들려고 합니다. 옮겨야 할 쌓기나무를 찾아 ◯표 하세요.

17 주어진 칠교 조각을 모두 이용하여 삼각형을 만들어 보세요.

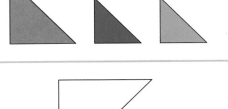

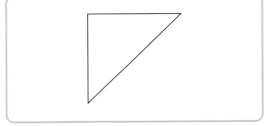

18 모양을 주어진 조건에 맞게 색칠해 보세요.

- 빨간색 쌓기나무의 뒤에 노란색 쌓기나무
- 파란색 쌓기나무의 앞에 분홍색 쌓기나무

19 도형이 원이 아닌 이유를 설명해 보세요.

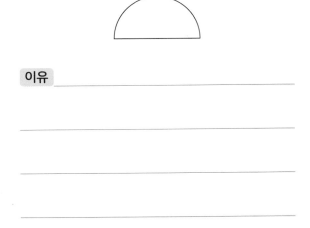

이유

20 쌓기나무 3개로 모양을 만들었습니다. 쌓은 모양을 설명해 보세요.

오른쪽

앞

답

가상 여행사 직원

가상 여행사 직원은 실제가 아닌 컴퓨터에서 상상하여 만든 가상 환경을 통해
여행 장소를 직접 가지 않아도 실제 그 장소에 있는 것처럼 경험할 수 있게 도와줘요.
여행을 많이 좋아하는 사람, 다른 사람을 잘 이해하는 사람에게 꼭 맞는 직업이에요!

● 그림을 색칠하며 '가상 여행사 직원'이라는 직업에 대해 상상해 보세요.

3

덧셈과 뺄셈

덧셈과 뺄셈을 배우기 전에 확인해요

● 덧셈

$$
\begin{array}{r}
2\ 4 \\
+\ 1\ 3 \\
\hline
3\ 7
\end{array}
$$

10개씩 묶음의   낱개의 수끼리
수끼리 더합니다.   더합니다.

● 뺄셈

$$
\begin{array}{r}
3\ 5 \\
-\ 2\ 1 \\
\hline
1\ 4
\end{array}
$$

10개씩 묶음의   낱개의 수끼리
수끼리 뺍니다.   뺍니다.

일의 자리에서 받아올림이 있는
(두 자리 수) + (한 자리 수)를 계산하는 여러 가지 방법을 알아볼까요

1 공원 화단에 빨간색 튤립이 18송이, 노란색 튤립이 4송이 있습니다.
튤립은 모두 몇 송이인지 알아봅시다.

(1) 튤립은 모두 몇 송이인지 식으로 나타내 보세요.

$$18 + \boxed{}$$

(2) 튤립은 모두 몇 송이인지 여러 가지 방법으로 구해 보세요.

방법 ① 빨간색 튤립의 수 18에서 노란색 튤립의 수 4만큼 이어 세어 구하기

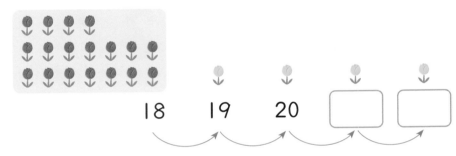

방법 ② 십 배열판에 노란색 튤립의 수 4만큼 △를 그려 구하기

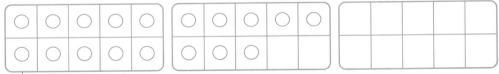

└ 십 배열판이 모두 채워지면 10입니다.

⇨ 비어 있는 십 배열판을 채우며 △를 그리면 모두 ☐ 칸 채워집니다.

방법 ③ 튤립의 수를 수 모형으로 나타내 구하기

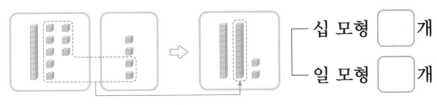

┌ 십 모형 ☐ 개
└ 일 모형 ☐ 개

일 모형 10개를 십 모형 1개로 바꿉니다.

(3) 튤립은 모두 몇 송이일까요?　　　　　　　(　　　　　　　)

1 19+6은 얼마인지 여러 가지 방법으로 계산해 보세요.

(1) 19에서 더하는 수 6만큼 이어 세어 구해 보세요.

19　　20　　21　　22　　□　　□　　□

(2) 십 배열판에 더하는 수 6만큼 △를 그려 구해 보세요.

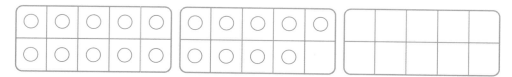

⇨ 비어 있는 십 배열판을 채우며 △를 그리면 모두 □ 칸 채워집니다.

(3) 19+6은 얼마일까요?

(　　　　　　　　　)

2 수 모형을 보고 덧셈을 해 보세요.

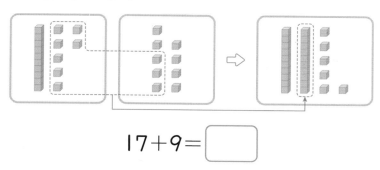

17+9= □

3 계산해 보세요.

(1) 26+4　　　　　　　　(2) 38+5

(3) 47+8　　　　　　　　(4) 65+7

보충해 봐!
Basic
Book
14쪽

3. 덧셈과 뺄셈 **49**

2 일의 자리에서 받아올림이 있는
(두 자리 수) + (두 자리 수)를 계산하는 여러 가지 방법을 알아볼까요

1 29 + 15를 계산하는 여러 가지 방법을 알아봅시다.

방법 ①
15를 십의 자리 수와 일의 자리 수로 가르기하여 구하기

$$29 + 15$$
$$\swarrow\searrow$$
$$10 \quad 5$$
$$= 29 + 10 + 5$$
$$= \boxed{} + 5$$
$$= \boxed{}$$

방법 ②
15에서 I을 옮겨 29를 30으로 만들어 구하기

$$29 + 15$$
$$\swarrow\searrow$$
$$1 \quad 14$$
$$= 29 + 1 + 14$$
$$= \boxed{} + 14$$
$$= \boxed{}$$

방법 ③
29와 15를 각각 십의 자리 수와 일의 자리 수로 가르기하여 구하기

$$29 + 15$$
$$\swarrow\searrow \quad \swarrow\searrow$$
$$20 \quad 9 \quad 10 \quad 5$$
$$= 20 + 10 + 9 + 5$$
$$= 30 + \boxed{}$$
$$= \boxed{}$$

2 29 + 15를 어떻게 계산하는지 알아봅시다.

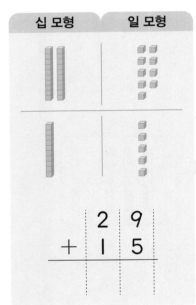

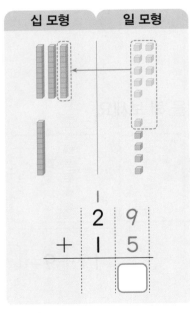

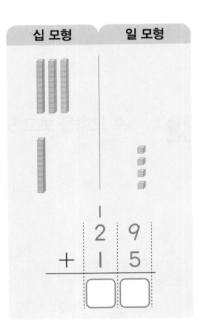

◆ 일의 자리에서 받아올림이 있는
(두 자리 수) + (두 자리 수)

일의 자리 수끼리의 합이 10이거나 10보다 크면 10을 십의 자리로 받아올림하여 계산합니다.

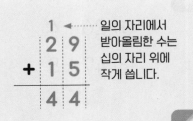
일의 자리에서 받아올림한 수는 십의 자리 위에 작게 씁니다.

1 18+23을 여러 가지 방법으로 계산해 보세요.

(1) 23을 20과 3으로 가르기하여 구해 보세요.

$$18+23=18+20+\boxed{}=38+\boxed{}=\boxed{}$$

(2) 18을 20으로 만들어 구해 보세요.

$$18+23=18+2+\boxed{}=20+\boxed{}=\boxed{}$$

(3) 18과 23을 각각 십의 자리 수와 일의 자리 수로 가르기하여 구해 보세요.

$$18+23=10+20+\boxed{}+\boxed{}=30+\boxed{}=\boxed{}$$

2 수 모형을 보고 덧셈을 해 보세요.

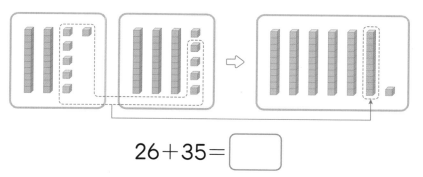

$$26+35=\boxed{}$$

3 계산해 보세요.

(1)

$$\begin{array}{r}\boxed{}\\ 3\ \ 7\\ +\ 2\ \ 8\\ \hline \boxed{}\ \boxed{}\end{array}$$

(2)

$$\begin{array}{r}\boxed{}\\ 7\ \ 1\\ +\ 1\ \ 9\\ \hline \boxed{}\ \boxed{}\end{array}$$

(3) 56+38

(4) 65+27

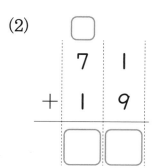

Basic
Book
15쪽

3 십의 자리에서 받아올림이 있는 (두 자리 수) + (두 자리 수)를 계산해 볼까요

1 공원에 있는 사람은 모두 몇 명인지 알아봅시다.

공원 입구

공원에 어른은 74명, 아이는 42명 있어.

(1) 공원에 있는 사람은 모두 몇 명인지 식으로 나타내 보세요.

$$74 + \boxed{}$$

(2) 74 + 42를 어떻게 계산하는지 알아보세요.

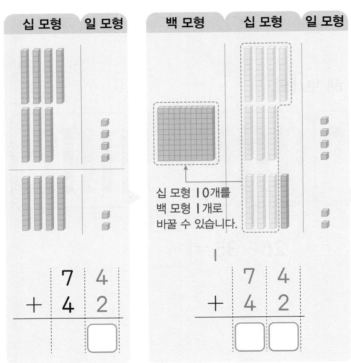

십 모형 10개를 백 모형 1개로 바꿀 수 있습니다.

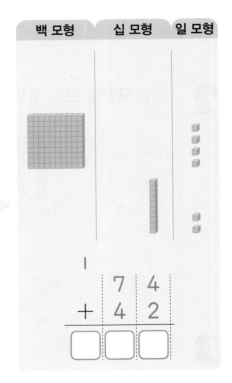

(3) 공원에 있는 사람은 모두 몇 명일까요? ( )

◆ 십의 자리에서 받아올림이 있는
(두 자리 수) + (두 자리 수)

십의 자리 수끼리의 합이 10이거나 10보다 크면
10을 백의 자리로 받아올림하여 계산합니다.

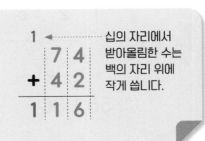

십의 자리에서 받아올림한 수는 백의 자리 위에 작게 씁니다.

```
    7 4
  + 4 2
  -----
  1 1 6
```

수학 익힘
기본 문제

1 수 모형을 보고 덧셈을 해 보세요.

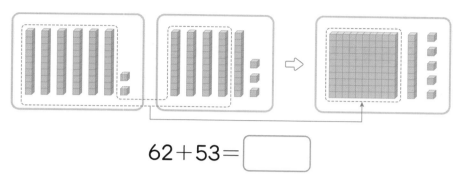

$$62+53=\boxed{}$$

2 계산해 보세요.

(1)

$$\begin{array}{r} \boxed{} \\ 46 \\ +61 \\ \hline \boxed{}\boxed{}\boxed{} \end{array}$$

(2)

$$\begin{array}{r} \boxed{}\boxed{} \\ 85 \\ +36 \\ \hline \boxed{}\boxed{}\boxed{} \end{array}$$

(3) $52+97$

(4) $78+84$

3 계산 결과를 찾아 선으로 이어 보세요.

$27+76$ ·

$79+68$ ·

· 147

· 133

· 103

보충해 봐!
Basic Book
16쪽

4 받아내림이 있는 (두 자리 수) − (한 자리 수)를
계산하는 여러 가지 방법을 알아볼까요

1 공원 매점에 물병이 21개 있었는데 8개가 팔렸습니다. 남은 물병은 몇 개인지 알아봅시다.

(1) 남은 물병은 몇 개인지 식으로 나타내 보세요.

$$21 - \boxed{}$$

(2) 남은 물병은 몇 개인지 여러 가지 방법으로 구해 보세요.

방법 **1** 처음에 있던 물병의 수 21에서 팔린 물병의 수 8만큼 거꾸로 세어 구하기

$\boxed{}$ $\boxed{}$ 15 16 17 18 19 20 21

방법 **2** 십 배열판에 팔린 물병의 수 8만큼 / 으로 지워 구하기

⇨ ○를 8개 지우면 남는 ○는 $\boxed{}$ 개입니다.

방법 **3** 물병의 수를 수 모형으로 나타내 구하기

┌ 남은 십 모형 $\boxed{}$ 개
└ 남은 일 모형 $\boxed{}$ 개

일 모형 1개에서 8개를 뺄 수 없으므로 십 모형 1개를 일 모형 10개로 바꿉니다.

일 모형 8개를 뺍니다.

(3) 남은 물병은 몇 개일까요? (   )

기본 문제

○ 정답과 풀이 **10**쪽

1 24-6은 얼마인지 여러 가지 방법으로 계산해 보세요.

(1) 24에서 빼는 수 6만큼 거꾸로 세어 구해 보세요.

| | | | 21 | 22 | 23 | 24 |

(2) 십 배열판에 빼는 수 6만큼 /으로 지워 구해 보세요.

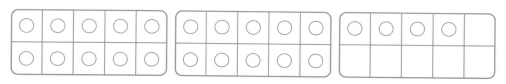

⇨ ○를 6개 지우면 남는 ○는 ☐ 개입니다.

(3) 24-6은 얼마일까요?

(   )

2 수 모형을 보고 뺄셈을 해 보세요.

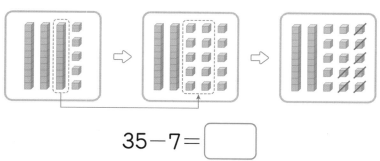

35-7=☐

3 계산해 보세요.

(1) 23-4

(2) 52-5

(3) 61-6

(4) 76-9

보충해 봐!
Basic
Book
17쪽

5 받아내림이 있는 (몇십)−(몇십몇)을 계산하는 여러 가지 방법을 알아볼까요

1 30−19를 계산하는 여러 가지 방법을 알아봅시다.

방법 ①
19를 십의 자리 수와 일의 자리 수로 가르기하여 구하기

$$30 - 19$$
$$\overset{\swarrow \quad \searrow}{\quad 10 \quad 9}$$
$$= 30 - 10 - 9$$
$$= \boxed{} - 9$$
$$= \boxed{}$$

방법 ②
30과 19에 같은 수를 더하여 19를 20으로 만들어 구하기

$$30 \quad - \quad 19$$
$$\downarrow {+1} \qquad \downarrow {+1}$$
$$= 31 - \boxed{}$$
$$= \boxed{}$$

방법 ③
30을 20과 10으로 가르기하고 19를 10과 9로 가르기하여 구하기

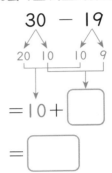

$$30 \quad - \quad 19$$
$$= 10 + \boxed{}$$
$$= \boxed{}$$

2 30−19를 어떻게 계산하는지 알아봅시다.

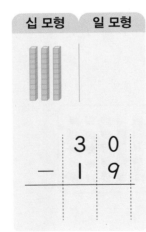
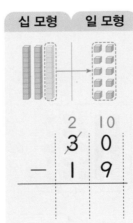
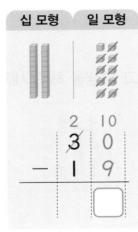
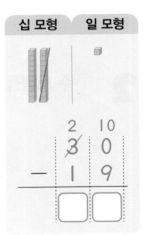

◆ **받아내림이 있는 (몇십)−(몇십몇)**

0에서 (몇)을 뺄 수 없으므로 십의 자리에서 10을 일의 자리로 **받아내림**하여 계산합니다.

일의 자리로 ──→ **2 10** ←── 받아내림한 수
받아내림하고
남은 수는
십의 자리 위에
작게 씁니다.

$$\begin{array}{r} \overset{2}{\cancel{3}} \;\; \overset{10}{0} \\ - \; 1 \;\; 9 \\ \hline 1 \;\; 1 \end{array}$$

1 40−16을 두 가지 방법으로 계산해 보세요.

(1) 16을 10과 6으로 가르기하여 구해 보세요.

$$40-16=40-10-\boxed{}$$
$$=30-\boxed{}=\boxed{}$$

(2) 16을 20으로 만들어 구해 보세요.

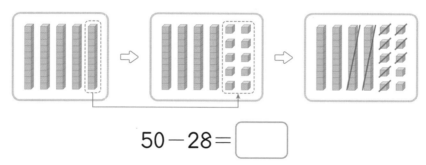

$$=\boxed{}-\boxed{}=\boxed{}$$

2 수 모형을 보고 뺄셈을 해 보세요.

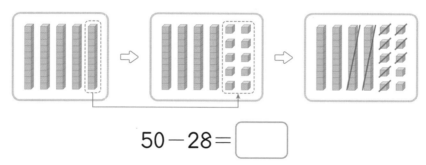

$$50-28=\boxed{}$$

3 계산해 보세요.

(1)
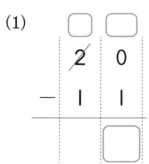

(2)
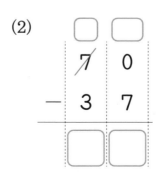

(3) 60−52

(4) 80−23

Basic
Book
18쪽

6 받아내림이 있는 (두 자리 수) − (두 자리 수)를 계산해 볼까요

1 소나무는 벚나무보다 몇 그루 더 많은지 알아봅시다.

소나무는 63그루 있고, 벚나무는 47그루 있어.

(1) 소나무는 벚나무보다 몇 그루 더 많은지 식으로 나타내 보세요.

$$63 - \boxed{}$$

(2) 63−47을 어떻게 계산하는지 알아보세요.

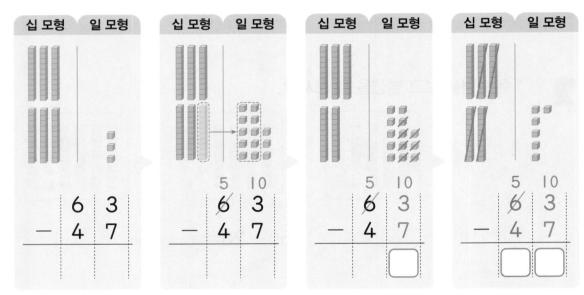

(3) 소나무는 벚나무보다 몇 그루 더 많을까요?

(   )

◆ **받아내림이 있는 (두 자리 수) − (두 자리 수)**

일의 자리 수끼리 뺄 수 없으면 십의 자리에서 **10**을 일의 자리로 **받아내림**하여 계산합니다.

일의 자리로 → 5 10 ← 받아내림한 수
받아내림하고 남은 수는 십의 자리 위에 작게 씁니다.

$$\begin{array}{r} \overset{5}{\cancel{6}}\ \overset{10}{3} \\ -\ 4\ \ 7 \\ \hline 1\ \ 6 \end{array}$$

기본 문제

1 수 모형을 보고 뺄셈을 해 보세요.

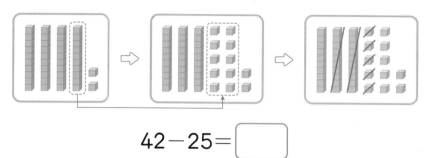

$$42-25=\boxed{}$$

2 계산해 보세요.

(1)
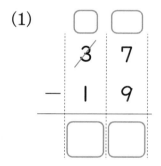

(2)
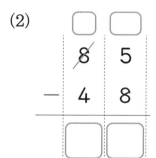

(3) 62−36

(4) 71−32

3 계산 결과를 찾아 선으로 이어 보세요.

44−15 ·

93−58 ·

· 29

· 35

· 43

보충해 봐!
Basic
Book
19쪽

받아올림이 있는 두 자리 수의 덧셈

일의 자리 수끼리의 **합이 10이므로** 십의 자리로 받아올림합니다.

```
    1
    2   4
+   3   6
─────────
    6   0
```

십의 자리 수끼리의 **합이 10보다 크므로** ☐의 자리로 받아올림합니다.

```
    1
    5   7
+   8   2
─────────
1   3   9
```

받아내림이 있는 두 자리 수의 뺄셈

일의 자리 수끼리 **뺄 수 없으므로** 십의 자리에서 10을 ☐의 자리로 받아내림합니다.

```
    5  10
    6   0
-   2   3
─────────
    3   7
```

```
    6  10
    7   5
-   4   7
─────────
    2   8
```

1 계산해 보세요.

(1) $48 + 15$

(2) $80 - 36$

2 17을 가르기하여 덧셈을 해 보세요.

$$64 + 17 = 64 + 10 + \boxed{}$$
$$= 74 + \boxed{}$$
$$= \boxed{}$$

3 두 수의 차는 얼마일까요?

| 76 | 28 |

(   )

4 다음이 나타내는 수는 얼마일까요?

45보다 6만큼 더 작은 수

(   )

5 계산 결과가 같은 것끼리 선으로 이어 보세요.

68+4 ·

32+39 ·

· 15+56

· 4+68

· 27+43

6 계산에서 <u>잘못된</u> 곳을 찾아 바르게 고쳐 보세요.

```
   5 2          ⇨          5 2
 - 3 7                   - 3 7
 ─────                   ─────
   2 5
```

7 계산 결과가 더 큰 것에 ◯표 하세요.

26+7	63-45

(   )   (   )

8 딸기를 건희는 42개, 윤우는 61개 땄습니다. 건희와 윤우가 딴 딸기는 모두 몇 개일까요?

식 _____

답 _____

9 과일 가게에 사과가 77개 있었는데 59개가 팔렸습니다. 과일 가게에 남은 사과는 몇 개일까요?

식 _____

답 _____

10 가장 큰 수와 가장 작은 수의 합은 얼마일까요?

54	85	49

(   )

11 계산 결과가 30보다 작은 조각을 모두 찾아 색칠해 보세요.

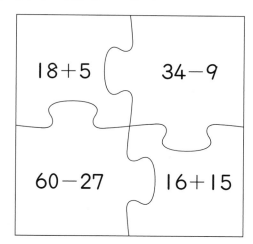

18+5   34-9

60-27   16+15

교과서 역량 문제 💡

12 ▢ 안에 알맞은 수를 써넣으세요.

```
   ▢ 0
 - 5 4
 ─────
   3 6
```

➕ 일의 자리 수끼리 뺄 수 없으므로 받아내림이 있는 계산임을 생각합니다.

세 수의 계산을 해 볼까요

1 **주차장에 남아 있는 자동차의 수를 어떻게 계산하는지 알아봅시다.**

처음에는 주차장에 자동차가 36대 있었어요.

자동차가 7대 더 들어오고 14대가 빠져나갔어요.

(1) 주차장에 남아 있는 자동차는 몇 대인지 식으로 나타내 보세요.

$$36 + \boxed{} - \boxed{}$$

더 온 자동차 수 ●   ● 나간 자동차 수

(2) 식을 어떻게 계산하는지 알아보세요.

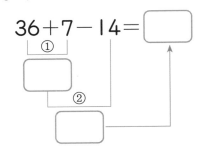

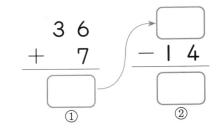

2 **버스에 남아 있는 사람 수를 어떻게 계산하는지 알아봅시다.**

처음에는 버스에 32명이 있었어.

9명이 내리고 17명이 더 탔어.

(1) 버스에 남아 있는 사람은 몇 명인지 식으로 나타내 보세요.

$$32 - \boxed{} + \boxed{}$$

내린 사람 수 ●   ● 더 탄 사람 수

(2) 식을 어떻게 계산하는지 알아보세요.

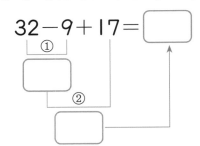

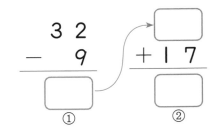

> 세 수의 계산은 **앞에서부터** 두 수씩 **차례대로** 계산합니다.
>
> **참고** 계산 순서를 바꾸어 계산하면 계산 결과가 달라질 수 있습니다.

기본 문제

▶ 정답과 풀이 **11**쪽

1 식을 어떻게 계산하는지 알아보세요.

(1) $27+18-19=$ ☐

$$
\begin{array}{r}
2\ 7 \\
+\ 1\ 8 \\
\hline
☐
\end{array}
\qquad
\begin{array}{r}
☐ \\
-\ 1\ 9 \\
\hline
☐
\end{array}
$$

(2) $50-35+16=$ ☐

$$
\begin{array}{r}
5\ 0 \\
-\ 3\ 5 \\
\hline
☐
\end{array}
\qquad
\begin{array}{r}
☐ \\
+\ 1\ 6 \\
\hline
☐
\end{array}
$$

2 계산해 보세요.

(1) $28+13-6$

(2) $54+17-24$

(3) $45-26+5$

(4) $61-29+38$

3 계산 결과를 찾아 선으로 이어 보세요.

$46+27-35$ ·

$52-14+39$ ·

· 77

· 38

· 56

8 덧셈과 뺄셈의 관계를 식으로 나타내 볼까요

1 오리 수를 구하는 덧셈식을 만들고, 덧셈식을 뺄셈식으로 나타내 봅시다.

(1) 오리는 모두 몇 마리인지 덧셈식으로 나타내 보세요.

$$8+4=\boxed{}$$

물 안의 오리 수 ┘　└ 물 밖의 오리 수

(2) 물 밖의 오리 수와 물 안의 오리 수를 각각 뺄셈식으로 나타내 보세요.

물 밖의 오리 수: $12-8=\boxed{}$, 물 안의 오리 수: $12-4=\boxed{}$

(3) 덧셈식을 뺄셈식으로 나타내 보세요.

$$8+4=12 \begin{cases} 12-\boxed{}=4 \\ \boxed{}-4=8 \end{cases}$$

2 날아가는 참새 수를 구하는 뺄셈식을 만들고, 뺄셈식을 덧셈식으로 나타내 봅시다.

(1) 날아가는 참새는 몇 마리인지 뺄셈식으로 나타내 보세요.

$$11-5=\boxed{}$$

남아 있는 참새 수 ┘　└ 날아가는 참새 수

(2) 처음에 있던 참새 수를 덧셈식으로 나타내 보세요.

$$5+6=\boxed{}, 6+5=\boxed{}$$

(3) 뺄셈식을 덧셈식으로 나타내 보세요.

$$11-5=6 \begin{cases} 5+\boxed{}=11 \\ 6+\boxed{}=11 \end{cases}$$

1 그림을 보고 덧셈식과 뺄셈식으로 나타내 보세요.

$$4+6=\boxed{}$$

$$10-4=\boxed{}$$

$$\boxed{}-6=4$$

2 덧셈식을 뺄셈식으로 나타내 보세요.

37	8
45	

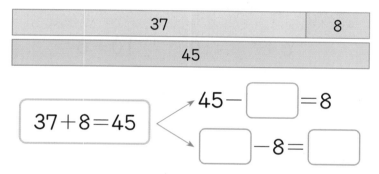

$$37+8=45$$

$$45-\boxed{}=8$$

$$\boxed{}-8=\boxed{}$$

3 뺄셈식을 덧셈식으로 나타내 보세요.

33	
24	9

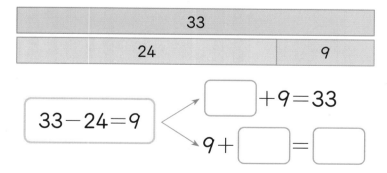

$$33-24=9$$

$$\boxed{}+9=33$$

$$9+\boxed{}=\boxed{}$$

□가 사용된 덧셈식을 만들고 □의 값을 구해 볼까요

1 더 주운 나뭇잎의 수를 구하는 덧셈식을 만들고, 그 수를 구해 봅시다.

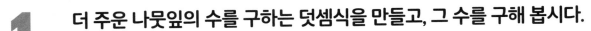

처음에 나뭇잎이 6장 있었는데 몇 장 더 주웠어.

이제 나뭇잎이 10장 되겠네.

(1) 더 주운 나뭇잎의 수를 □로 하여 덧셈식으로 나타내 보세요.

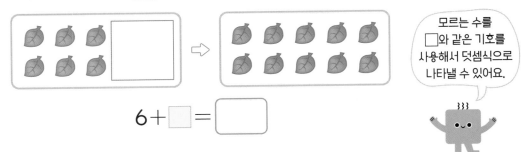

모르는 수를 □와 같은 기호를 사용해서 덧셈식으로 나타낼 수 있어요.

$$6 + \boxed{} = \boxed{}$$

(2) □의 값을 구해 보세요.

$$6 + \boxed{} = 10 \Rightarrow 10 - 6 = \boxed{}, \boxed{} = \boxed{}$$

2 처음에 있던 페트병의 수를 구하는 덧셈식을 만들고, 그 수를 구해 봅시다.

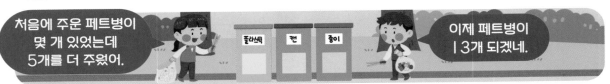

처음에 주운 페트병이 몇 개 있었는데 5개를 더 주웠어.

이제 페트병이 13개 되겠네.

플라스틱 캔 종이

(1) 처음에 있던 페트병의 수를 □로 하여 덧셈식으로 나타내 보세요.

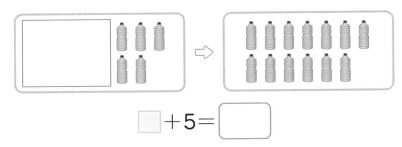

$$\boxed{} + 5 = \boxed{}$$

(2) □의 값을 구해 보세요.

$$\boxed{} + 5 = 13 \Rightarrow 13 - 5 = \boxed{}, \boxed{} = \boxed{}$$

기본 문제

1 달팽이가 8마리 있었는데 몇 마리가 더 와서 11마리가 되었습니다. 더 온 달팽이의 수를 ☐로 하여 덧셈식을 만들고, ☐의 값을 구해 보세요.

덧셈식 _____ ☐의 값 _____

2 연필이 몇 자루 있었는데 6자루를 더 사서 14자루가 되었습니다. 처음에 있던 연필의 수를 ☐로 하여 덧셈식을 만들고, ☐의 값을 구해 보세요.

덧셈식 _____ ☐의 값 _____

🔍 ☐를 사용하여 그림에 알맞은 덧셈식을 만들고, ☐의 값을 구해 보세요. [**3~4**]

3

7	☐
12	

덧셈식 _____ ☐의 값 _____

4

☐	8
19	

덧셈식 _____ ☐의 값 _____

보충해 봐!
Basic
Book
22쪽

□가 사용된 뺄셈식을 만들고 □의 값을 구해 볼까요

1 먹은 주먹밥의 수를 구하는 뺄셈식을 만들고, 그 수를 구해 봅시다.

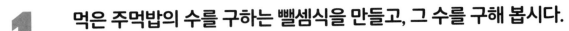

(1) 먹은 주먹밥의 수를 □로 하여 뺄셈식으로 나타내 보세요.

모르는 수를 □와 같은 기호를 사용해서 뺄셈식으로 나타낼 수 있어요.

$$15 - □ = □$$

(2) □의 값을 구해 보세요.

$$15 - □ = 6 \quad \Rightarrow \quad 15 - 6 = □, \quad □ = □$$

2 처음에 있던 딸기의 수를 구하는 뺄셈식을 만들고, 그 수를 구해 봅시다.

(1) 처음에 있던 딸기의 수를 □로 하여 뺄셈식으로 나타내 보세요.

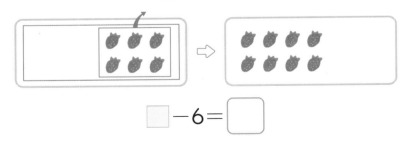

$$□ - 6 = □$$

(2) □의 값을 구해 보세요.

$$□ - 6 = 8 \quad \Rightarrow \quad 6 + 8 = □, \quad □ = □$$

기본 문제

1 과자가 16개 있었는데 몇 개를 먹었더니 4개가 남았습니다. 먹은 과자의 수를 □로 하여 뺄셈식을 만들고, □의 값을 구해 보세요.

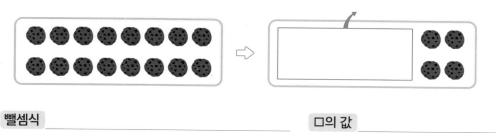

뺄셈식 _____   □의 값 _____

2 공깃돌이 몇 개 있었는데 5개를 잃어버려서 7개가 남았습니다. 처음 가지고 있던 공깃돌의 수를 □로 하여 뺄셈식을 만들고, □의 값을 구해 보세요.

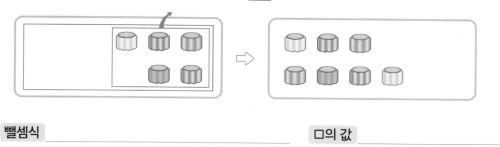

뺄셈식 _____   □의 값 _____

3 □를 사용하여 그림에 알맞은 뺄셈식을 만들고, □의 값을 구해 보세요.

17	
□	9

뺄셈식 _____   □의 값 _____

4 □ 안에 알맞은 수를 써넣으세요.

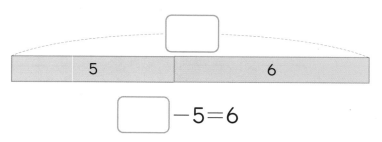

$$\boxed{} - 5 = 6$$

보충해 봐!
Basic
Book
23쪽

3. 덧셈과 뺄셈 **69**

세 수의 계산

세 수의 계산은 □ 에서부터 두 수씩 차례대로 계산합니다.

$$16+9-8=17$$
  ①
  25
    ②
    17

덧셈과 뺄셈의 관계

• 덧셈식을 뺄셈식으로 나타내기

$$4+5=9 \begin{cases} 9-4=5 \\ 9-5=4 \end{cases}$$

• 뺄셈식을 덧셈식으로 나타내기

$$7-2=5 \begin{cases} 2+5=7 \\ 5+2=7 \end{cases}$$

---

1 계산해 보세요.

$$12+28-14$$

2 덧셈식을 뺄셈식으로 나타내 보세요.

$$19+26=45$$

$$\boxed{}-\boxed{}=\boxed{}$$

$$\boxed{}-\boxed{}=\boxed{}$$

3 뺄셈식을 덧셈식으로 나타내 보세요.

$$60-27=33$$

$$\boxed{}+\boxed{}=\boxed{}$$

$$\boxed{}+\boxed{}=\boxed{}$$

4 빈칸에 알맞은 수를 써넣으세요.

$$87 \rightarrow \boxed{-39} \rightarrow \boxed{+16} \rightarrow \boxed{}$$

5 □ 안에 알맞은 수를 써넣으세요.

(1) $9+\boxed{}=15$

(2) $21-\boxed{}=8$

6 ▲＋●는 얼마일까요?

$$24+13-18=▲$$
$$24-18+13=●$$

(   )

7 계산에서 잘못된 곳을 찾아 바르게 고쳐 보세요.

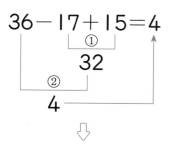

$$36-17+15$$

8 □의 값이 더 큰 것에 ○표 하세요.

□+6=12	9−□=2

(   )   (   )

9 아인이는 색종이를 32장 가지고 있었습니다. 윤수에게 16장을 주고, 로미에게 24장을 받았습니다. 아인이가 가지고 있는 색종이는 몇 장일까요?

식 _____

답 _____

10 수 카드 3장을 한 번씩만 사용하여 덧셈식을 만들고, 만든 덧셈식을 뺄셈식으로 나타내 보세요.

4	11	7

덧셈식 _____

뺄셈식 _____

뺄셈식 _____

11 농장의 닭들이 달걀을 어제는 25개 낳았고, 오늘은 몇 개 더 낳아서 모두 45개가 되었습니다. 오늘 낳은 달걀의 수를 □로 하여 덧셈식을 만들고, □의 값을 구해 보세요.

덧셈식 _____

□의 값 _____

교과서 역량 문제 💡

12 서율이는 9살입니다. 서율이는 형보다 5살 더 적습니다. 형의 나이를 □로 하여 뺄셈식을 만들고, □의 값을 구해 보세요.

➕ 형과 서율이의 나이의 차는 5살임을 이용하여 뺄셈식을 만듭니다.

뺄셈식 _____

□의 값 _____

단원 마무리

1 그림을 보고 덧셈을 해 보세요.

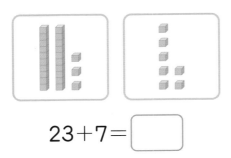

$23+7=$ ☐

2 계산해 보세요.

$$\begin{array}{r} 8\ 4 \\ -\ 3\ 6 \\ \hline \end{array}$$

3 39를 가까운 40으로 만들어 덧셈을 해 보세요.

$39+24=39+1+$ ☐

$=40+$ ☐

$=$ ☐

4 ☐ 안에 알맞은 수를 써넣으세요.

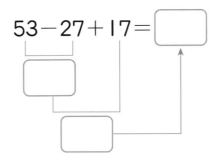

5 바르게 계산한 것에 ◯표 하세요.

$84-16=68$ ( )

$37+85=112$ ( )

6 두 수의 합은 얼마일까요?

| 28 | 46 |

( )

7 계산 결과를 찾아 선으로 이어 보세요.

$21-5$ ・   ・ 15

$70-56$ ・   ・ 16

$54-39$ ・   ・ 14

8 계산 결과의 크기를 비교하여 ◯ 안에 >, =, <를 알맞게 써넣으세요.

$50-14$ ◯ $82-47$

▶ 정답과 풀이 **13**쪽

점수 [ ] 확인 [ ]

9 뺄셈식을 덧셈식으로 나타내 보세요.

$$34-8=26$$

[ ] + [ ] = [ ]

[ ] + [ ] = [ ]

10 ● − ■ 는 얼마일까요?

$$54+38=●$$
$$45+19=■$$

(   )

11 [ ] 안에 알맞은 수를 써넣으세요.

$$27+[\quad]=56$$

12 감자를 소희는 17개 캤고, 윤수는 39개 캤습니다. 소희와 윤수가 캔 감자는 모두 몇 개일까요?

(   )

잘 틀리는 문제 🔍

13 가장 큰 수와 가장 작은 수의 차는 얼마일까요?

| 62 | 47 | 35 | 16 |

(   )

14 돌고래가 6마리 있었는데 몇 마리가 더 와서 13마리가 되었습니다. 더 온 돌고래의 수를 [ ]로 하여 덧셈식을 만들고, [ ]의 값을 구해 보세요.

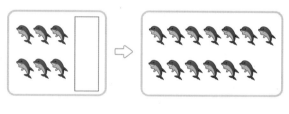

덧셈식 _____

□의 값 _____

15 노란색 구슬이 16개, 초록색 구슬이 18개 있습니다. 빨간색 구슬이 노란색 구슬과 초록색 구슬을 합한 것보다 7개 더 적다면 빨간색 구슬은 몇 개일까요?

(   )

16 수 카드 3장을 한 번씩만 사용하여 덧셈식을 만들고, 만든 덧셈식을 뺄셈식으로 나타내 보세요.

$$9 \quad 14 \quad 5$$

덧셈식 _____

뺄셈식 _____

뺄셈식 _____

17 교실에 학생이 31명 있었습니다. 잠시 후 남학생이 모두 나가서 18명이 남았습니다. 남학생 수를 □로 하여 뺄셈식을 만들고, □의 값을 구해 보세요.

뺄셈식 _____

□의 값 _____

잘 틀리는 문제 🔍

18 □ 안에 알맞은 수를 써넣으세요.

$$\begin{array}{r} 4\,\square \\ +\ 1\ 6 \\ \hline 6\ 0 \end{array}$$

19 계산에서 잘못된 곳을 찾아 바르게 계산하고, 그 이유를 써 보세요.

❶ 바르게 계산하기

$$\begin{array}{r} 6\ 3 \\ +8\ 9 \\ \hline 1\ 4\ 2 \end{array} \Rightarrow \begin{array}{r} 6\ 3 \\ +8\ 9 \\ \hline \end{array}$$

❷ 잘못 계산한 이유 쓰기

이유 _____

_____

20 공원에 비둘기가 40마리 있었는데 25마리가 날아갔습니다. 공원에 남아 있는 비둘기는 몇 마리인지 풀이 과정을 쓰고 답을 구해 보세요.

❶ 문제에 알맞은 식 구하기

풀이 _____

_____

❷ 남아 있는 비둘기는 몇 마리인지 구하기

풀이 _____

_____

답 _____

드론 전문가

드론 전문가는 사람이 가기 힘든 곳의 촬영이나 배달 등을 할 수 있는
'드론'이라는 비행 장치를 만들거나 조종하는 일을 해요.
집중을 잘하는 사람, 비행 장치에 관심이 많은 사람에게 꼭 맞는 직업이에요!

◯ 그림에서 바나나, 사과, 포크, 양말을 찾아보세요.

4

길이 재기

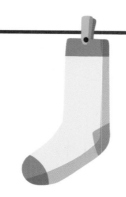 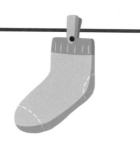

양말이 더 **길다**.　　양말이 더 **짧다**.

수박이 더 **무겁다**.　　참외가 더 **가볍다**.

연못이 더 **넓다**.　　연못이 더 **좁다**.

1 길이를 비교하는 방법을 알아볼까요

1 **두 나뭇잎의 길이를 비교해 봅시다.**

> 나뭇잎을 따지 않고 비교해 봐!

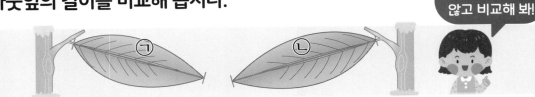

(1) 나뭇잎을 따지 않고 나뭇잎의 길이를 비교하려고 합니다. 알맞은 말에 ◯표 하세요.

> ㉠과 ㉡의 길이를 직접 맞대어 비교할 수 (있습니다 , 없습니다).

(2) 종이띠로 각각 ㉠과 ㉡의 길이만큼 자른 다음 서로 맞대어 길이를 비교한 것입니다. 길이를 비교해 보세요.

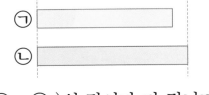

(㉠ , ㉡)의 길이가 더 깁니다.

2 **털실을 ㉠과 ㉡의 길이만큼 잘랐습니다. 더 짧은 것에 ◯표 해 봅시다.**

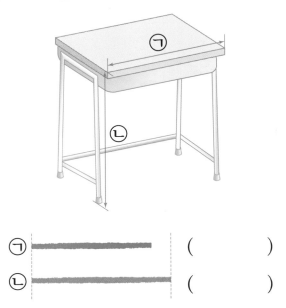

㉠ —————————— (   )

㉡ —————— (   )

기본 문제

1 ㉠과 ㉡의 길이를 비교하려고 합니다. ㉠과 ㉡의 길이를 비교할 수 있는 올바른 방법을 찾아 색칠하고, 알맞은 말에 ○표 하세요. 활동지

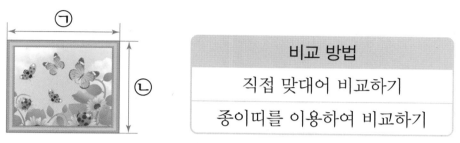

비교 방법
직접 맞대어 비교하기
종이띠를 이용하여 비교하기

㉠이 ㉡보다 더 (깁니다 , 짧습니다).

2 길이를 비교하여 알맞은 것에 ○표 하세요. 활동지

(가 , 나)의 길이가 더 짧습니다.

3 길이가 더 긴 것의 기호를 써 보세요. 활동지

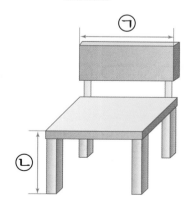

( )

보충해 봐!
Basic
Book
24쪽

2 여러 가지 단위로 길이를 재어 볼까요

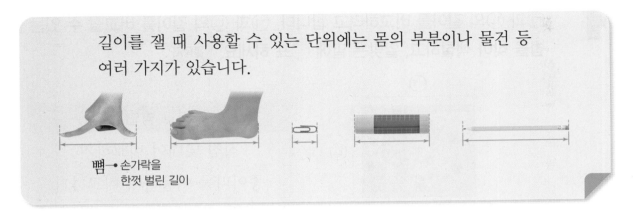

길이를 잴 때 사용할 수 있는 단위에는 몸의 부분이나 물건 등
여러 가지가 있습니다.

뼘→손가락을
한껏 벌린 길이

1 **뼘으로 친구의 팔 길이를 재어 봅시다.**

친구의 팔 길이는 [ ]뼘쯤입니다.
└● 길이를 재다 딱 맞게 떨어지지 않는 경우
'몇 번쯤'으로 표현합니다.

2 **물건을 단위로 하여 숟가락의 길이를 재어 보고, 단위의 길이에 따라 잰 횟수가
어떻게 달라지는지 알아봅시다.**

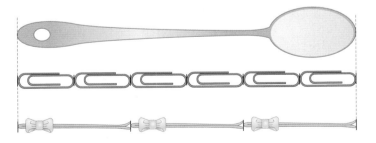

숟가락의 길이
클립으로 [ ]번
머리핀으로 [ ]번

⇨ 단위의 길이가 더 짧은 클립으로 잰 횟수가 더 (많습니다 , 적습니다).

• 단위의 길이가 길수록 잰 횟수는 더 적습니다.
• 단위의 길이가 짧을수록 잰 횟수는 더 많습니다.

▶ 정답과 풀이 **14**쪽

1 길이를 잴 때 사용되는 단위 중에서 가장 긴 것에 ◯표, 가장 짧은 것에 △표 하세요.

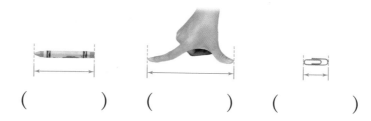

(   )   (   )   (   )

4 단원
11 강

2 공깃돌을 단위로 연필의 길이를 재어 보세요.

연필의 길이는 공깃돌로 ☐ 번입니다.

3 빨대와 뼘으로 책꽂이의 긴 쪽의 길이를 재었습니다. ☐ 안에 알맞은 수를 써넣고, 알맞은 말에 ◯표 하세요.

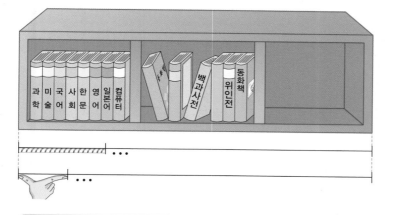

단위	잰 횟수
빨대	☐ 번쯤
뼘	☐ 번쯤

빨대의 길이가 뼘의 길이보다 더 (깁니다 , 짧습니다).
⇨ 빨대로 잰 횟수는 뼘으로 잰 횟수보다 더 (많습니다 , 적습니다).

보충해 봐!
Basic Book
25쪽

1 cm를 알아볼까요

1 민서와 오빠가 털실을 각자 4뼘만큼 자른 것입니다. 두 사람이 자른 털실의 길이를 비교해 봅시다.

(1) 두 사람이 자른 털실의 길이는 서로 (같습니다 , 다릅니다).

(2) **뼘**의 길이는 사람마다 서로 (같아서 , 달라서) 뼘으로 길이를 재면 정확한 길이를 알 수 없습니다.

> 누가 재어도 같은 길이로 잴 수 있는 단위가 필요해요.

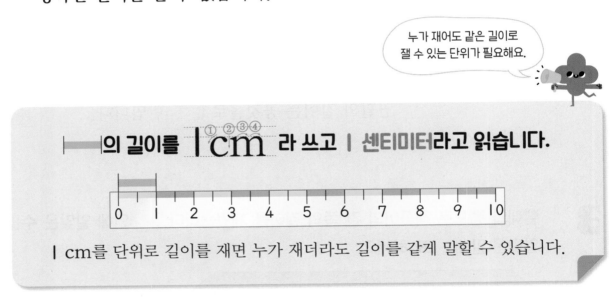

의 길이를 **1 cm** 라 쓰고 **1 센티미터**라고 읽습니다.

1 cm를 단위로 길이를 재면 누가 재더라도 길이를 같게 말할 수 있습니다.

2 ├─────┤의 길이는 1 cm입니다. 종이띠의 길이는 1 cm가 몇 번인지 세고, 종이띠의 길이를 써 봅시다.

(1) ▭▭ 　　1 cm 1 번　　쓰기 ....

(2) ▭▭▭▭ 　　1 cm ☐ 번　　쓰기 ....

기본 문제

1 의 길이는 1 cm입니다. 연고의 길이는 1 cm가 몇 번인지 세어 보세요.

연고

1 cm [ ] 번

4 단원
11 강

2 길이를 바르게 읽은 것을 찾아 선으로 이어 보세요.

1 cm ·　　　　　　· 9 센티미터

7 cm ·　　　　　　· 7 센티미터

9 cm ·　　　　　　· 1 센티미터

3 ☐ 안에 알맞은 수를 써넣으세요.

(1) 8 cm는 1 cm가 [ ]번입니다.

(2) 1 cm로 [ ]번은 12 cm입니다.

4 주어진 길이만큼 점선을 따라 선을 그어 보세요.

1 cm

(1) 2 cm　

(2) 6 cm

보충해 봐!
Basic
Book
26쪽

4 자로 길이를 재는 방법을 알아볼까요

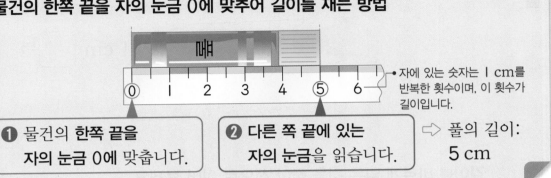

•길이의 시작을 나타내고, 길이를 잴 때
물건의 한쪽 끝을 맞추어야 하는 기준점

◆ 물건의 한쪽 끝을 자의 눈금 0에 맞추어 길이를 재는 방법

• 자에 있는 숫자는 1 cm를
반복한 횟수이며, 이 횟수가
길이입니다.

❶ 물건의 한쪽 끝을
자의 눈금 0에 맞춥니다.

❷ 다른 쪽 끝에 있는
자의 눈금을 읽습니다.

➡ 풀의 길이:
5 cm

1 머리빗의 길이는 몇 cm인지 구해 봅시다.

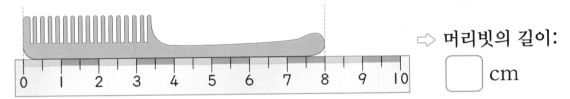

➡ 머리빗의 길이:

▢ cm

◆ 물건의 한쪽 끝을 자의 눈금 0에 맞추지 않았을 때 길이를 재는 방법

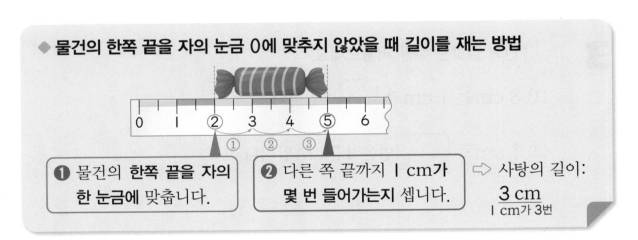

❶ 물건의 한쪽 끝을 자의
한 눈금에 맞춥니다.

❷ 다른 쪽 끝까지 1 cm가
몇 번 들어가는지 셉니다.

➡ 사탕의 길이:
3 cm
1 cm가 3번

2 크레파스의 길이는 몇 cm인지 알아봅시다.

크레파스의 한쪽 끝에서 다른 쪽 끝까지 1 cm가 ▢ 번 들어갑니다.

➡ 크레파스의 길이: ▢ cm

▶ 정답과 풀이 **14**쪽

기본 문제

1 색연필의 길이는 몇 cm인지 구해 보세요.

⇨ 색연필의 길이: ☐ cm

2 ☐ 안에 알맞은 수를 써넣으세요.

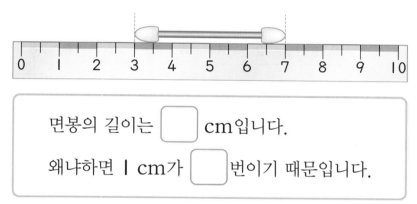

면봉의 길이는 ☐ cm입니다.

왜냐하면 1 cm가 ☐ 번이기 때문입니다.

3 자로 길이를 재는 방법이 잘못된 것을 모두 찾아 ✕표 하세요.

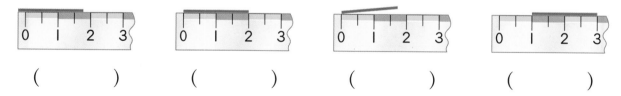

(   )   (   )   (   )   (   )

4 빨대의 길이는 몇 cm인지 자로 재어 보세요.

(1) ☐ cm

(2) ☐ cm

5 자로 길이를 재어 볼까요

한쪽 끝이 자의 눈금 **0**에 있고, 길이가 자의 눈금 사이에 있을 때
다른 쪽 눈금과 가까운 쪽에 있는 숫자를 읽으며, 숫자 앞에 **약**을 붙여 말합니다.

• 5 cm보다
조금 더
깁니다.

5 cm와 6 cm 사이에 있고,
5 cm에 가깝습니다.
⇨ 연필의 길이: 약 **5 cm**

1 옷핀의 길이는 약 몇 cm인지 구해 봅시다.

옷핀의 오른쪽 끝이 3 cm와 4 cm 사이에 있고, ☐ cm에 가깝습니다.

⇨ 옷핀의 길이: 약 ☐ cm

한쪽 끝이 자의 눈금 **0**에 있지 않고, 길이가 자의 눈금 사이에 있을 때
1 cm가 몇 번쯤 들어간 횟수에 **약**을 붙여 말합니다.

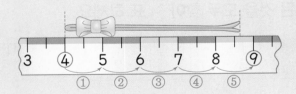

1 cm가 4번과 5번 사이에 있고,
5번에 가깝습니다.
5번쯤
⇨ 머리핀의 길이: 약 **5 cm**

2 붓의 길이는 약 몇 cm인지 구해 봅시다.

붓은 1 cm가 5번과 6번 사이에 있고, ☐ 번에 가깝습니다.

⇨ 붓의 길이: 약 ☐ cm

기본 문제

1 막대 과자의 길이는 약 몇 cm인지 구해 보세요.

(1)

6 cm와 7 cm 사이에 있고, ☐ cm에 가깝습니다.

⇨ 막대 과자의 길이: 약 ☐ cm

(2)
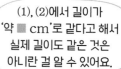

7 cm와 8 cm 사이에 있고, ☐ cm에 가깝습니다.

⇨ 막대 과자의 길이: 약 ☐ cm

(1), (2)에서 길이가 '약 ■ cm'로 같다고 해서 실제 길이도 같은 것은 아니란 걸 알 수 있어요.

2 끈의 길이는 약 몇 cm인지 구해 보세요.

약 ☐ cm

3 물건의 길이는 약 몇 cm인지 자로 재어 보세요.

(1)

지우개

약 ☐ cm

(2)
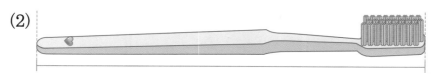

약 ☐ cm

보충해 봐!
Basic Book
28쪽

길이를 어림하고
어떻게 어림했는지 말해 볼까요

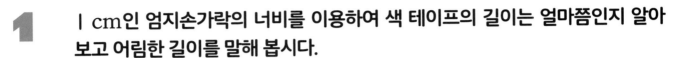

자를 사용하지 않고 물건의 길이가 얼마쯤인지 어림할 수 있습니다.
어림한 길이를 말할 때는 '약 ☐ cm'라고 합니다.
참고 어림한 길이와 자로 잰 길이의 차가 작을수록 더 가깝게 어림한 것입니다.

1 1 cm인 엄지손가락의 너비를 이용하여 색 테이프의 길이는 얼마쯤인지 알아
보고 어림한 길이를 말해 봅시다.

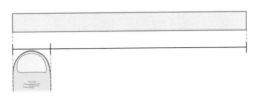

(1) 색 테이프의 길이는 엄지손가락의 너비로 ☐ 번쯤 될 것 같습니다.

(2) 색 테이프의 길이를 어림하면 약 ☐ cm입니다.

2 주어진 길이를 어림하여 점선을 따라 선을 그어 봅시다.

(1) **1 cm** ┝---┥

(2) **5 cm** ┝---┥

> 5 cm쯤 되는
> 가운뎃손가락을 이용해
> 길이를 어림해요!

3 펜의 길이는 10 cm입니다. 치약의 길이를 어림해 봅시다.

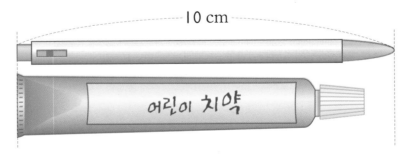

치약의 길이는 10 cm보다 ☐ cm쯤 짧습니다.

➡ 치약의 길이를 어림하면 약 ☐ cm입니다.

기본 문제

▶ 정답과 풀이 **15**쪽

1 선의 길이를 어림하고 자로 재어 확인해 보세요.

선	어림한 길이	자로 잰 길이
────────	약 ☐ cm	☐ cm
────────────	약 ☐ cm	☐ cm

4 단원
12강

2 물건의 길이를 어림하고 자로 재어 확인해 보세요.

(1)

어림한 길이	약 ☐ cm
자로 잰 길이	약 ☐ cm

(2)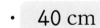

어림한 길이	약 ☐ cm
자로 잰 길이	약 ☐ cm

3 실제 길이에 가장 가까운 것을 찾아 선으로 이어 보세요.

손톱깎이

· 40 cm

· 20 cm

필통

· 6 cm

보충해 봐!
Basic Book
29쪽

개념 확인 · 실력 문제

교과서
수학 익힘

✔ | cm

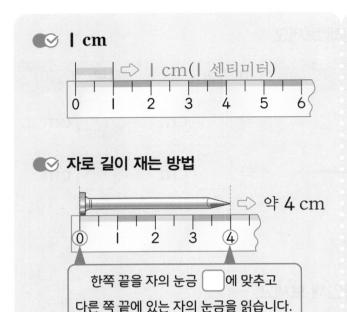

⇨ | cm(| 센티미터)

✔ 자로 길이 재는 방법

약 4 cm

한쪽 끝을 자의 눈금 ☐ 에 맞추고 다른 쪽 끝에 있는 자의 눈금을 읽습니다.

✔ 길이가 자의 눈금 사이에 있을 때 길이 재기

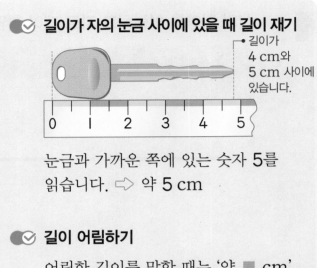

• 길이가 4 cm와 5 cm 사이에 있습니다.

눈금과 가까운 쪽에 있는 숫자 5를 읽습니다. ⇨ 약 5 cm

✔ 길이 어림하기

어림한 길이를 말할 때는 '약 ■ cm' 라고 말합니다.

---

1 파의 길이는 연필로 몇 번인가요?

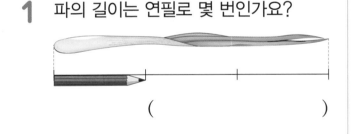

( )

2 껌의 길이는 몇 cm인가요?

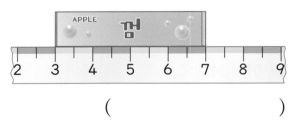

( )

3 팔찌의 길이는 약 몇 cm인가요?

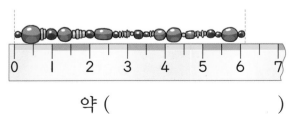

약 ( )

4 바늘의 길이는 몇 cm인지 자로 재어 보세요.

( )

5 막대 사탕의 길이를 어림하고 자로 재어 확인해 보세요.

어림한 길이	약 ☐ cm
자로 잰 길이	약 ☐ cm

6 형우와 이서 중 종이띠의 길이를 잘못 말한 사람에 ✕표 하세요.

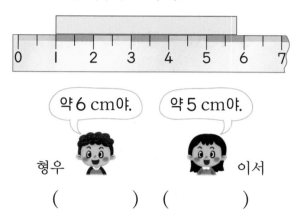

형우 (   )   이서 (   )

7 펜의 길이는 크레파스로 몇 번인가요?

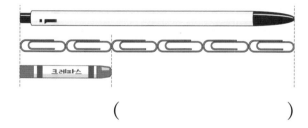

(   )

8 유라와 선우는 길이가 13 cm인 끈의 길이를 어림했습니다. 끈을 실제 길이에 더 가깝게 어림한 사람은 누구인가요?

유라	선우
약 12 cm	약 15 cm

(   )

9 액자의 긴 쪽의 길이는 혜주의 손으로 7뼘이고, 강호의 손으로 5뼘입니다. 한 뼘의 길이가 더 짧은 사람은 누구인가요?

(   )

교과서 역량 문제 💡

10 길이가 1 cm, 2 cm인 막대를 사용하여 서로 다른 방법으로 길이가 6 cm인 막대를 색칠해 보세요.

1 cm ▨	2 cm ▨

6 cm

6 cm

11 소영이와 진희 중 더 긴 털실을 가지고 있는 사람은 누구인가요?

- 소영: 내 털실은 옷핀으로 5번이야.
- 진희: 내 털실은 뼘으로 5번이야.

➕ 길이를 잰 횟수가 같을 때, 단위의 길이가 길수록 털실의 길이가 더 깁니다.

(   )

단원 마무리

1 지팡이의 길이는 몇 뼘인가요?

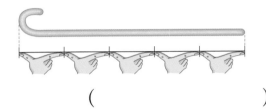

(   )

2 1 cm를 바르게 쓴 것을 찾아 ◯표 하세요.

1cm   1cm   1cm

(   ) (   ) (   )

3 국자의 길이는 못으로 몇 번인가요?

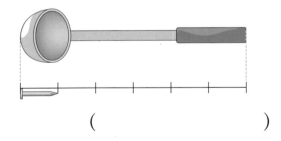

(   )

4 길이를 바르게 잰 것을 찾아 기호를 써 보세요.

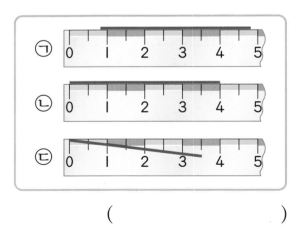

(   )

5 한 칸의 길이가 1 cm일 때, 주어진 길이만큼 색칠해 보세요.

3 cm

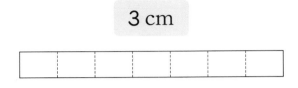

6 소시지의 길이는 몇 cm인가요?

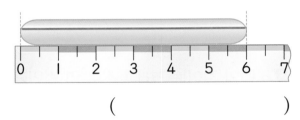

(   )

7 열쇠의 길이는 약 몇 cm인가요?

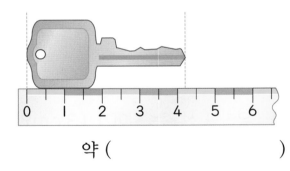

약 (   )

8 사인펜의 길이는 몇 cm인지 자로 재어 보세요.

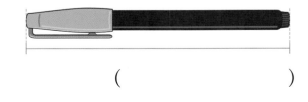

(   )

▶ 정답과 풀이 **16**쪽

점수 □ **확인** □

9 동화책의 짧은 쪽의 길이는 길이가
1 cm인 나뭇조각으로 17번입니다.
동화책의 짧은 쪽의 길이는 몇 cm
인가요?

( )

10 머리끈의 길이는 약 몇 cm인지 자로
재어 보세요.

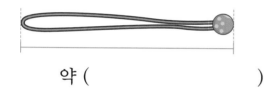

약 ( )

11 막대의 길이를 어림하고 자로 재어
확인해 보세요.

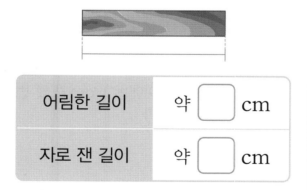

어림한 길이	약 □ cm
자로 잰 길이	약 □ cm

12 2 cm만큼 어림하여 점선을 따라 선
을 그어 보세요.

├ ─ ─ ─ ─ ─ ─ ─ ─ ─ ─ ─ ─ ┤

13 가위의 실제 길이에 가장 가까운 것을
찾아 ○표 하세요.

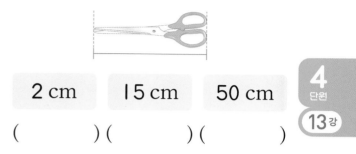

2 cm	15 cm	50 cm

( ) ( ) ( )

4
단원

13강

잘 틀리는 문제 🔍

14 리본의 길이가 가장 긴 것을 찾아
기호를 써 보세요.

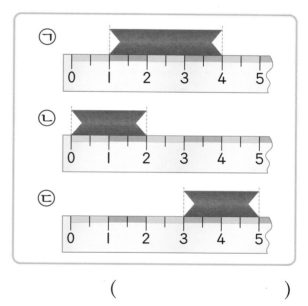

( )

15 사각형의 각 변의 길이를 자로 재어
□ 안에 알맞은 수를 써넣으세요.

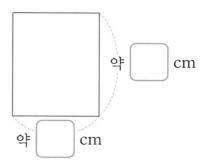

약 □ cm

약 □ cm

16 텔레비전의 긴 쪽의 길이는 세미의 손으로 4뼘이고, 진현이의 손으로 5뼘입니다. 한 뼘의 길이가 더 긴 사람은 누구인가요?

(   )

잘 틀리는 문제 🔍

17 색 테이프의 길이를 바르게 말한 사람은 누구인가요?

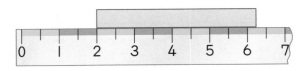

- 미나: 약 4 cm야.
- 현재: 약 5 cm야.

(   )

18 더 짧은 줄을 가지고 있는 사람은 누구인가요?

- 영후: 내가 가진 줄은 크레파스로 7번이야.
- 수지: 내가 가진 줄은 필통으로 7번이야.

(   )

💬 **서술형** 문제

19 지우와 서준이가 각자의 **뼘**으로 줄넘기의 길이를 재었습니다. 두 사람이 잰 줄넘기의 길이가 **다른** 이유는 무엇인지 써 보세요.

지우	서준
14뼘쯤	13뼘쯤

이유 _____

_____

_____

20 자를 이용하여 색연필의 길이를 재려고 합니다. 색연필의 길이는 몇 cm인지 풀이 과정을 쓰고 답을 구해 보세요.

❶ 색연필의 길이에는 1 cm가 몇 번 들어가는지 구하기

풀이 _____

_____

❷ 색연필의 길이는 몇 cm인지 구하기

풀이 _____

답 _____

기억 전문가

기억 전문가는 환자의 기억에 관해 이야기를 나누며
그들이 기억하는 힘을 기를 수 있도록 도와줘요.
친절한 사람, 다른 사람의 이야기를 잘 들어 주는 사람에게 꼭 맞는 직업이에요!

⊙ 그림을 색칠하며 '기억 전문가'라는 직업에 대해 상상해 보세요.

5

분류하기

삼각형 →

사각형 →

원 →

1 분류는 어떻게 할까요

1 방 안에 있는 옷을 어떻게 분류하여 정리할 수 있을지 알아봅시다.

'분류'는 기준에 따라 나누는 것이에요.

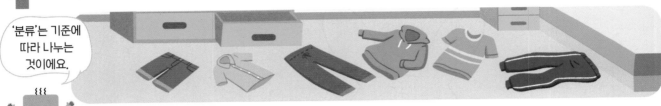

(1) 수지와 해미가 각각 좋아하는 옷과 좋아하지 않는 옷으로 분류한 것입니다. 알맞은 말에 ◯표 하세요.

	좋아하는 옷	좋아하지 않는 옷
수지		
해미		

➡ 분류한 결과는 서로 (같습니다 , 다릅니다).

그 이유는 분류 기준이 (분명하기 , 분명하지 않기) 때문입니다.

(2) 수지와 해미가 옷을 윗옷과 아래옷으로 분류한 것입니다. 알맞은 말에 ◯표 하세요.

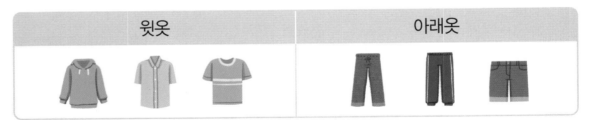

윗옷	아래옷

➡ 누가 분류하더라도 결과는 (같습니다 , 다릅니다).

그 이유는 분류 기준이 (분명하기 , 분명하지 않기) 때문입니다.

> 분류할 때는 누가 분류하더라도 **같은 결과**가 나올 수 있도록 분명한 기준을 정해야 합니다.

1 양말을 분류하려고 합니다. 분류 기준을 알맞게 말한 학생에 ◯표 하세요.

귀여운 것과 귀엽지 않은 것으로 분류해 볼래.

색깔로 분류하는 것이 좋을 것 같아.

(   )   (   )

2 과자를 분류하려고 합니다. 분류 기준으로 알맞지 <u>않은</u> 것에 ✕표 하세요.

색깔	모양	맛있는 것과 맛없는 것
( )	( )	( )

3 거울을 분류할 수 있는 기준을 써 보세요.

분류 기준

보충해 봐!

Basic Book
30쪽

2 정해진 기준에 따라 분류해 볼까요

1 정해진 기준에 따라 동물을 분류해 봅시다.

① 강아지 ② 개구리 ⑤ 닭 ⑥ 뱀
③ 까마귀 ④ 달팽이 ⑦ 코끼리 ⑧ 타조

(1) 날개가 없는 것과 있는 것으로 분류하여 번호를 써 보세요.

날개	날개가 없는 것	날개가 있는 것
번호		

(2) 다리의 수에 따라 분류하여 번호를 써 보세요.

다리의 수	다리 0개	다리 2개	다리 4개
번호			

분류할 때는 색깔, 모양, 크기 등의 **분명한 기준에 따라** **분류**할 수 있습니다.

기본 문제

▶ 정답과 풀이 **17**쪽

1 모자를 색깔에 따라 분류하여 번호를 써 보세요.

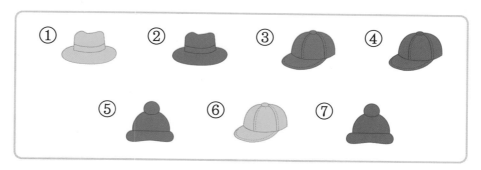

색깔	노란색	초록색	보라색
번호			

2 기준에 따라 물건을 알맞게 분류하여 가게를 만들려고 합니다. 각 가게에 알맞은 물건을 찾아 선으로 이어 보세요.

생선 가게

과일 가게

가방 가게

책가방

체리

붕어

손가방

사과

갈치

보충해 봐!
Basic Book
31쪽

3 자신이 정한 기준에 따라 분류해 볼까요

1 접시를 분류할 수 있는 기준을 알아봅시다.

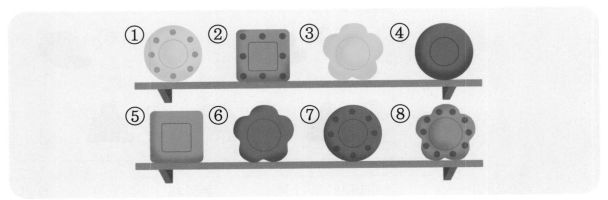

(1) 진호가 접시를 살펴보고 특징 중 하나를 말한 것입니다. ☐ 안에 알맞은 말을 써넣으세요.

진호 | 접시의 색깔에는 노란색, 초록색, ☐ 이 있습니다.

(2) 접시를 분류할 수 있는 기준을 알아보세요.

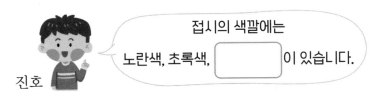

| 분류 기준 1 | 색깔 |

| 분류 기준 2 | (모양 , 무늬) |

2 위 **1**에서 자신이 정한 [분류 기준 2]로 접시를 분류하여 번호를 써 봅시다.

| 분류 기준 | |

자신이 정한 기준에 맞추어 필요한 칸만 사용하세요.

1 아이스크림을 분류할 수 있는 기준을 써 보세요.

| 분류 기준 1 | |
| 분류 기준 2 | |

🔍 컵을 보고 물음에 답하세요. [**2**~**3**]

①   ②   ③   ④   ⑤   ⑥

2 기준을 정하여 컵을 분류하고 번호를 써 보세요.

| 분류 기준 | |

3 위 **2**와 다른 기준을 정하여 컵을 분류하고 번호를 써 보세요.

| 분류 기준 | |

보충해 봐!
Basic
Book
32쪽

분류하고 세어 볼까요

1 정해진 기준에 따라 물건을 분류하고 그 수를 세어 봅시다.

분류 기준	모양

모양			
물건의 이름	필통, 책		
물건의 수(개)	2		

2 정해진 기준에 따라 블록을 분류하고 그 수를 세어 봅시다.

셀 때 또 세거나 빠뜨리지 않도록 그림에
○, ✓, ×, / 등의 표시를 하면서 세어요.

분류 기준	색깔

색깔	빨간색	파란색	노란색
세면서 표시하기	### ###	### ###	### ###
블록의 수(개)	7		

분류하고 세어 보면 어떤 것이 가장 많은지, 가장 적은지,
전체는 몇 개인지 등을 쉽게 알 수 있습니다.

▶ 정답과 풀이 17쪽

⊕ 학생들의 모습을 기준에 따라 분류하려고 합니다. 물음에 답하세요. [1~2]

1 정해진 기준에 따라 학생들을 분류하고 그 수를 세어 보세요.

분류 기준	윗옷 색깔	

윗옷 색깔	빨간색	노란색	파란색
세면서 표시하기	┼┼┼┼ ┼┼┼┼	┼┼┼┼ ┼┼┼┼	┼┼┼┼ ┼┼┼┼
학생 수(명)			

2 위 **1**과 다른 기준을 정하여 학생들을 분류하고 그 수를 세어 보세요.

분류 기준		

자신이 정한 기준에 맞추어 필요한 칸만 사용하세요.

학생 수(명)		

보충해 봐!
Basic Book
33쪽

5. 분류하기 **105**

5 분류한 결과를 말해 볼까요

1 책을 분류하여 정리하려고 합니다. 분류한 결과를 말해 봅시다.

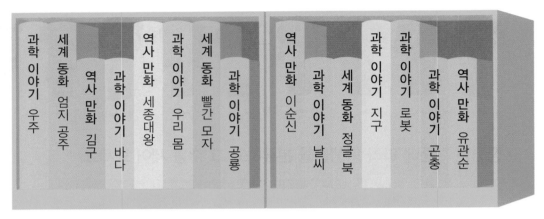

(1) 정해진 기준에 따라 책을 분류하고 그 수를 세어 보세요.

분류 기준 1   책의 크기

책의 크기	큰 책	작은 책
세면서 표시하기	✝✝✝ ✝✝✝	✝✝✝ ✝✝✝
책의 수(권)		

분류 기준 2   책의 종류

책의 종류	과학 이야기	세계 동화	역사 만화
세면서 표시하기	✝✝✝ ✝✝✝	✝✝✝ ✝✝✝	✝✝✝ ✝✝✝
책의 수(권)			

(2) 어떤 종류의 책이 가장 많이 있는지 알맞은 것에 ○표 하세요.

(과학 이야기 , 세계 동화 , 역사 만화)

기본 문제

1 공을 보고 물음에 답하세요.

(1) 종류에 따라 공을 분류하고 그 수를 세어 보세요.

종류	농구공	배구공	축구공
세면서 표시하기	卌 卌	卌 卌	卌 卌
공의 수(개)			

(2) 가장 적은 공을 찾아 ○표 하세요.

(농구공 , 배구공 , 축구공)

2 종이컵을 보고 물음에 답하세요.

(1) 색깔에 따라 종이컵을 분류하고 그 수를 세어 보세요.

색깔	빨간색	노란색	파란색
세면서 표시하기	卌 卌	卌 卌	卌 卌
종이컵의 수(개)			

(2) 가장 많은 종이컵의 색깔은 무엇일까요? (   )

(3) 가장 적은 종이컵의 색깔은 무엇일까요? (   )

보충해 봐!
Basic Book 34쪽

개념 확인 ∞ 실력 문제

✅ 분류하기

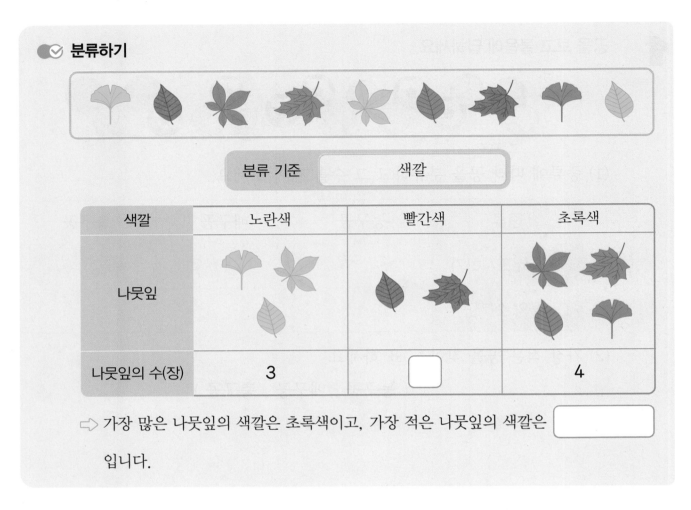

분류 기준	색깔

색깔	노란색	빨간색	초록색
나뭇잎			
나뭇잎의 수(장)	3	☐	4

⇨ 가장 많은 나뭇잎의 색깔은 초록색이고, 가장 적은 나뭇잎의 색깔은 ☐ 입니다.

---

1 도형을 분류하려고 합니다. 분류 기준으로 알맞지 <u>않은</u> 것에 ✕표 하세요.

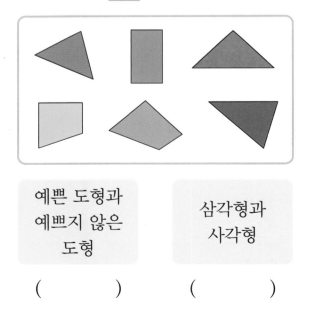

예쁜 도형과 예쁘지 않은 도형	삼각형과 사각형
( )	( )

2 탈것을 움직이는 장소에 따라 분류하여 번호를 써 보세요.

① 버스 ② 배 ③ 자전거
④ 오토바이 ⑤ 헬리콥터 ⑥ 잠수함

움직이는 장소	땅	하늘	물
번호			

▶ 정답과 풀이 **18**쪽

⊕ 단추를 분류하려고 합니다. 물음에 답하세요. [3~4]

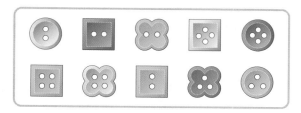

3 단추를 분류할 수 있는 기준을 써 보세요.

분류 기준 [   ]

4 위 **3**에서 정한 기준에 따라 단추를 분류하고 그 수를 세어 보세요.

[ ]		
단추의 수(개)		

5 책을 종류에 따라 분류하였습니다. 책꽂이에서 잘못 분류된 책을 찾아 쓰고, 어느 칸으로 옮겨야 하는지 ○표 하세요.

교과서   사전   동화책

수학 교과서 | 영어 사전 | 국어 교과서 | 국어 사전 | 신데렐라 | 피노키오 | 인어 공주

(   ),
(교과서 칸 , 사전 칸 , 동화책 칸)

⊕ 희주네 반 학생들이 사용하는 공책입니다. 물음에 답하세요. [6~8]

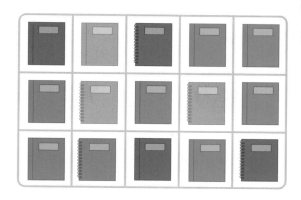

6 공책을 색깔에 따라 분류하고 그 수를 세어 보세요.

색깔	파란색	분홍색	초록색
학생 수(명)			

7 가장 많이 사용하는 공책의 색깔은 무엇일까요?

(   )

교과서 역량 문제 💡

8 문방구에서 공책을 더 많이 팔기 위해 어떤 색깔의 공책을 가장 많이 준비하면 좋을까요?

➕ 분류한 결과를 보고 더 준비해야 하는 공책을 예상해 봅니다.

(   )

단원 마무리

1 분류 기준으로 알맞은 것에 ○표 하세요.

(모양 , 색깔)

2 분류 기준으로 알맞은 것의 기호를 써 보세요.

┌─────────────────────────────┐
│ ㉠ 비싼 것과 비싸지 않은 것   │
│ ㉡ 무늬가 있는 것과 없는 것   │
└─────────────────────────────┘

(   )

🔍 정해진 기준에 따라 젤리를 분류해 보세요. [3~4]

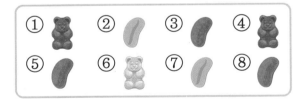

3 모양에 따라 분류해 보세요.

모양	곰	콩
번호		

4 색깔에 따라 분류해 보세요.

색깔	빨간색	노란색
번호		

5 동물을 활동하는 곳에 따라 분류해 보세요.

토끼   금붕어   호랑이   돌고래

활동하는 곳	땅	물
동물 이름		

🔍 재활용품을 다음과 같이 분류하였습니다. 물음에 답하세요. [6~7]

종이류   비닐류   플라스틱류

6 위 그림을 보고 분류 기준을 찾아 ○표 하세요.

(냄새 , 종류)

잘 틀리는 문제 🔍

7 재활용품을 분류하여 선으로 이어 보세요.

종이류 •

비닐류 •

플라스틱류 •

 • 신문

 • 페트병

 • 우유갑

 • 세제 통

 • 비닐봉지

▶ 정답과 풀이 **19**쪽

점수 ☐ 확인 ☐

과일을 보고 물음에 답하세요. [8~9]

8 과일을 종류에 따라 분류하고 그 수를 세어 보세요.

종류	딸기	레몬	멜론
과일의 수(개)			

9 과일의 수가 같은 과일은 무엇과 무엇일까요?

(,   )

누름 못을 보고 물음에 답하세요.
[10~11]

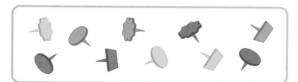

10 누름 못을 분류할 수 있는 기준을 두 가지 써 보세요.

11 위 기준 중 한 가지를 선택하여 누름 못을 분류하고 그 수를 세어 보세요.

분류 기준	

누름 못 수(개)		

12 물건을 사용하는 계절에 따라 분류해 보세요.

사용하는 계절		
번호		

지우네 반 학생들의 장래 희망을 조사하였습니다. 물음에 답하세요. [13~15]

연예인	운동선수	의사	연예인
연예인	운동선수	연예인	운동선수
의사	연예인	운동선수	연예인

13 장래 희망에 따라 분류하고 그 수를 세어 보세요.

장래 희망	연예인	운동선수	의사
학생 수(명)			

14 가장 많은 학생들이 되고 싶어 하는 장래 희망은 무엇일까요?

(   )

15 가장 적은 학생들이 되고 싶어 하는 장래 희망은 무엇일까요?

(   )

윤아네 반 학생들이 좋아하는 주스를 조사하였습니다. 물음에 답하세요. [16~18]

16 주스를 종류에 따라 분류하고 그 수를 세어 보세요.

종류	오렌지 주스	포도 주스	사과 주스
학생 수(명)			

잘 틀리는 문제 🔍

17 포도주스를 좋아하는 학생보다 더 많은 학생들이 좋아하는 주스는 무엇일까요?

(   )

18 주스 가게에서 주스를 더 많이 팔기 위해 어떤 주스를 가장 많이 준비하면 좋을까요?

(   )

19 빵을 다음과 같이 분류하였습니다. 분류 기준으로 알맞지 <u>않은</u> 이유를 써 보세요.

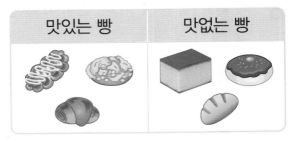

이유 _____

_____

_____

20 돈을 지폐와 동전으로 분류하였습니다. 잘못 분류된 것을 찾아 ○표 하고, 그렇게 생각한 이유를 써 보세요.

❶ 잘못 분류된 것을 찾아 ○표 하기
❷ 그렇게 생각한 이유 쓰기

이유 _____

_____

_____

▶ 정답 19쪽

디지털 재단사

디지털 재단사는 디지털 기술을 이용하여 손님을 직접 만나지 않고
손님이 원하는 옷을 만드는 일을 해요.
패션에 관심이 많은 사람, 꼼꼼한 사람에게 꼭 맞는 직업이에요!

자료를 숫자로
나타내는 방식

◉ 그림에서 우산, 칫솔, 국자, 안경을 찾아보세요.

6

곱셈

2씩 뛰어 세기

| 2 | 4 | 6 | 8 | 10 |

2씩 뛰어 세면 2씩 커집니다.

10개씩 묶어 세기

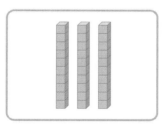

10개씩 3묶음: 30

| 10 | 20 | 30 |

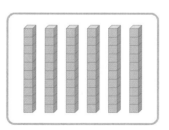

10개씩 6묶음: 60

| 10 | 20 | 30 | 40 | 50 | 60 |

1 여러 가지 방법으로 세어 볼까요

1 토마토는 모두 몇 개인지 여러 가지 방법으로 세어 봅시다.

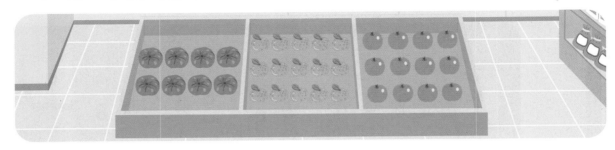

(1) 손으로 하나씩 세어 보세요.

연필로 /으로 표시하며 셀 수도 있어요.

		2	3	4	5			

⇨ 토마토는 모두 ☐ 개입니다.

(2) 2씩 뛰어 세어 보세요.

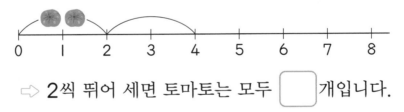

⇨ 2씩 뛰어 세면 토마토는 모두 ☐ 개입니다.

(3) 4개씩 묶어 세어 보세요.

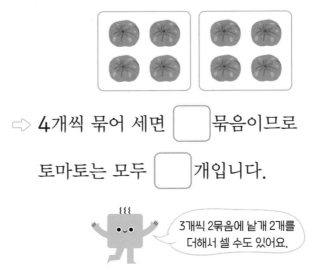

⇨ 4개씩 묶어 세면 ☐ 묶음이므로

토마토는 모두 ☐ 개입니다.

3개씩 2묶음에 낱개 2개를 더해서 셀 수도 있어요.

1 지우개는 모두 몇 개인지 하나씩 세어 보세요.

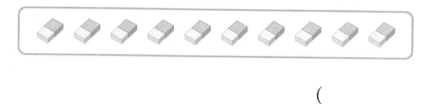

( )

2 액자는 모두 몇 개인지 7개씩 뛰어 세어 보세요.

(1) 7씩 뛰어 세어 보세요.

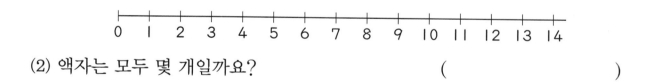

0 l 2 3 4 5 6 7 8 9 10 ll 12 13 14

(2) 액자는 모두 몇 개일까요? ( )

3 자동차는 모두 몇 대인지 3대씩 묶어 세어 보세요.

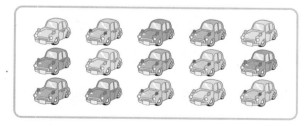

(1) 3대씩 묶어 세어 보세요.

3대씩 묶어 세면 ☐ 묶음입니다.

(2) 자동차는 모두 몇 대일까요? ( )

보충해 봐!
Basic
Book
35쪽

2 묶어 세어 볼까요

과일을 어떻게 묶어 셀까?

1 오렌지는 모두 몇 개인지 묶어 세어 봅시다.

(1) 5씩 몇 묶음인지 알아보세요.

5씩 ☐ 묶음

5 — 10 — ☐

(2) 3씩 몇 묶음인지 알아보세요.

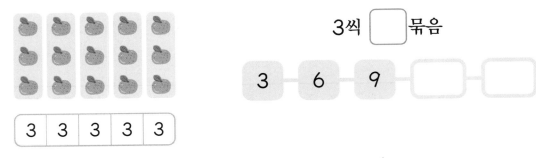

3 | 3 | 3 | 3 | 3

3씩 ☐ 묶음

3 — 6 — 9 — ☐ — ☐

(3) 오렌지는 모두 몇 개일까요?   (   )

2 사과는 모두 몇 개인지 묶어 세어 봅시다.

(1) 몇씩 몇 묶음인지 알아보세요.

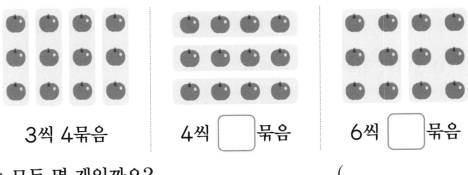

3씩 4묶음   4씩 ☐ 묶음   6씩 ☐ 묶음

(2) 사과는 모두 몇 개일까요?   (   )

기본 문제

1 감자는 모두 몇 개인지 묶어 세어 보세요.

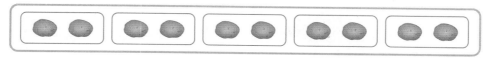

(1) 2씩 묶어 세어 보세요.

2씩 ☐ 묶음   2 — 4 — 6 — ☐ — ☐

(2) 감자는 모두 몇 개일까요?   (   )

2 개구리는 모두 몇 마리인지 묶어 세어 보세요.

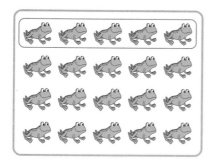

(1) 5씩 몇 묶음일까요?

(   )

(2) 개구리는 모두 몇 마리일까요?

(   )

3 참새는 모두 몇 마리인지 묶어 세어 보세요.

(1) 6씩 몇 묶음일까요?

(   )

(2) 4씩 몇 묶음일까요?

(   )

(3) 참새는 모두 몇 마리일까요?

(   )

보충해 봐!
Basic
Book
36쪽

몇의 몇 배를 알아볼까요

1 구슬의 수로 몇의 몇 배를 알아봅시다.

2씩 2묶음은 2의 ☐ 배입니다.

2씩 3묶음은 2의 ☐ 배입니다.

> 똑같은 수씩 셀 때, 묶음의 수를 '배'라고 해요.

• 2씩 ㅣ묶음은 2의 ㅣ배입니다.

• 2씩 4묶음은 2의 4배입니다.

(참고) ■씩 ▲묶음 ⇨ ■의 ▲배

2 딱지의 수는 몇의 몇 배인지 알아봅시다.

(1) 4씩 묶어 보고, 4의 몇 배인지 알아보세요.

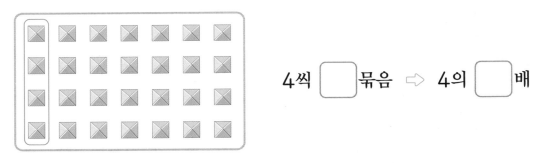

4씩 ☐ 묶음 ⇨ 4의 ☐ 배

(2) 7씩 묶어 보고, 7의 몇 배인지 알아보세요.

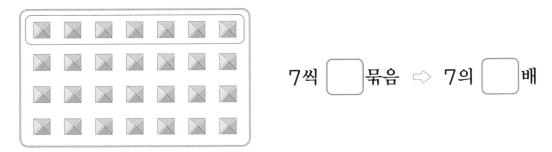

7씩 ☐ 묶음 ⇨ 7의 ☐ 배

기본 문제

● 정답과 풀이 **20**쪽

1 ☐ 안에 알맞은 수를 써넣으세요.

4씩 ☐ 묶음은 4의 ☐ 배입니다.

6
단원

18강

2 ☐ 안에 알맞은 수를 써넣으세요.

9씩 ☐ 묶음 ⇨ 9의 ☐ 배

3 관계있는 것끼리 선으로 이어 보세요.

 ·

· 4씩 2묶음 ·

· 3의 4배

 ·

· 3씩 4묶음 ·

· 5의 3배

 ·

· 5씩 3묶음 ·

· 4의 2배

보충해 봐!
Basic
Book
37쪽

몇의 몇 배로 나타내 볼까요

1 빵의 수를 몇의 몇 배로 나타내 봅시다.

(1) 연서가 가진 빵의 수는 윤아가 가진 빵의 수의 몇 배인지 알아보세요.

연서가 가진 빵은 윤아가 가진 빵 ☐ 묶음과 같습니다.

⇨ 연서가 가진 빵의 수는 윤아가 가진 빵의 수의 ☐ 배입니다.

(2) 수호는 주원이가 가진 빵의 수의 4배만큼 가지고 있습니다. 수호가 가진 빵의 수만큼 ○를 그려 보세요.

2 색 막대를 이용하여 몇의 몇 배로 나타내 봅시다.

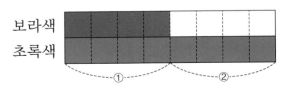

보라색 막대를 ☐ 번 이어 붙이면 초록색 막대 길이와 같습니다.

⇨ 초록색 막대 길이는 보라색 막대 길이의 ☐ 배입니다.

▶ 정답과 풀이 **20**쪽

1 지효가 가진 사과의 수는 시우가 가진 사과의 수의 몇 배일까요?

( )

6
단원
18강

2 파란색 막대 길이는 빨간색 막대 길이의 몇 배일까요?

( )

3 소희는 경수의 몇 배만큼 책을 읽었을까요?

( )

4 크레파스의 수를 몇의 몇 배로 나타내 보세요.

6의 ☐ 배   3의 ☐ 배

개념 확인 ∞ 실력 문제

묶어 세기

- 3씩 2묶음: 3 6 ⇨ 6개

- 2씩 ☐묶음: 2 4 6

  ⇨ 6개

몇의 몇 배

└ 빨간색 모형 3묶음과 같습니다.

⇨ 초록색 모형의 수는
   빨간색 모형의 수의 3배입니다.

---

1 우유는 모두 몇 개인지 4씩 뛰어 세어 보세요.

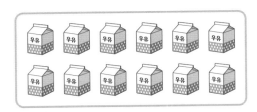

```
0 1 2 3 4 5 6 7 8 9 10 11 12
```

(   )

2 종이학은 모두 몇 개인지 7씩 묶어 세어 보세요.

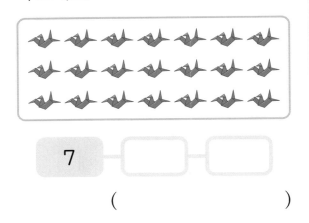

7 ─ ☐ ─ ☐

(   )

3 ☐ 안에 알맞은 수를 써넣으세요.

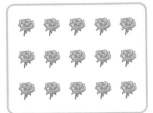

3씩 ☐묶음 ⇨ 3의 ☐배

4 ☐ 안에 알맞은 수를 써넣으세요.

☐씩 ☐묶음 ⇨ ☐의 ☐배

5 ☐ 안에 알맞은 수를 써넣으세요.

○월 ○일 ○요일	맑음

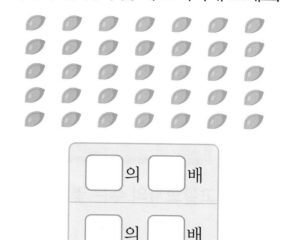

언니와 나는 어머니께서 사 오신 달걀의 수를 세어 보았다.

언니는 6씩 ☐ 줄이라고 말했고,

나는 5씩 ☐ 줄이라고 말했다.

언니와 내가 센 방법은 다르지만 달걀은 모두 ☐ 개이다.

6 공이 24개 있습니다. 잘못 말한 사람을 찾아 이름을 써 보세요.

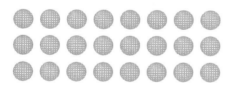

- 지수: 공을 3개씩 묶으면 8묶음입니다.
- 주호: 공을 6, 12, 18, 24로 셀 수 있습니다.
- 정희: 공의 수는 9씩 3묶음입니다.

(   )

7 떡의 수를 몇의 몇 배로 나타내 보세요.

☐ 의 ☐ 배
☐ 의 ☐ 배

6 단원 18강

교과서 역량 문제 💡

8 친구들이 쌓은 연결 모형의 수는 다희가 쌓은 연결 모형의 수의 몇 배일까요?

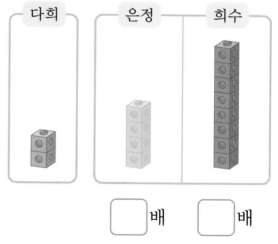

☐ 배   ☐ 배

➕ 은정이와 희수가 쌓은 연결 모형은 각각 2씩 몇 묶음인지 구합니다.

곱셈을 알아볼까요

1 고깔모자의 수는 몇의 몇 배인지 알아봅시다.

3씩 $\boxed{}$ 묶음 ⇨ 3의 $\boxed{}$ 배

◆ 곱셈 알아보기

· **3의 5배를 3 × 5라고 씁니다.**

· **3 × 5는 3 곱하기 5라고 읽습니다.**

참고 곱셈 기호 ①╳② 또는 ②╳① 로 씁니다.

> 3씩 5묶음, 3의 5배를
> 곱셈으로 나타내면 3 × 5예요.

2 컵의 수를 곱셈식으로 알아봅시다.

덧셈식 $4 + 4 + 4 = \boxed{}$ ⇨ 곱셈식 $4 \times \boxed{} = \boxed{}$

◆ 곱셈식 알아보기

· $4 + 4 + 4$ 는 4×3 과 같습니다.
  $\underbrace{}_{3번}$

· $4 \times 3 = 12$ 는 4 곱하기 3은 12와 같습니다라고 읽습니다.

· 4와 3의 곱은 12입니다.

▶ 정답과 풀이 **21**쪽

1 　□ 안에 알맞은 수를 써넣으세요.

(1) 5씩 6묶음 ⇨ 5의 □ 배

(2) 5의 □ 배는 5 × □ 이라고 씁니다.

2 　□ 안에 알맞은 수를 써넣으세요.

⇨ 9 + 9는 □ × □ 와 같습니다.

3 　곱셈식을 알아보세요.

7 곱하기 9는 63과 같습니다. ⇨ □ × □ = □

4 　공의 수를 나타낸 덧셈식을 보고 곱셈식으로 알아보세요.

덧셈식 8 + 8 + 8 + 8 = □

곱셈식 8 × □ = □

6. 곱셈 **127**

6 곱셈식으로 나타내 볼까요

1 도넛은 모두 몇 개인지 덧셈식과 곱셈식으로 알아봅시다.

(1) 도넛의 수를 덧셈식과 곱셈식으로 나타내 보세요.

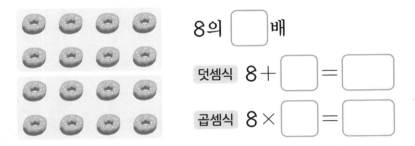

8의 ☐ 배

덧셈식 8+☐=☐

곱셈식 8×☐=☐

(2) 도넛의 수를 위 (1)과 다른 곱셈식으로 나타내 보세요.

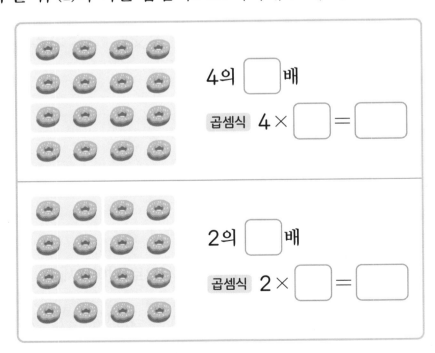

4의 ☐ 배

곱셈식 4×☐=☐

2의 ☐ 배

곱셈식 2×☐=☐

(3) 도넛은 모두 몇 개일까요? ( )

1 복숭아의 수를 덧셈식과 곱셈식으로 나타내 보세요.

5의 ☐ 배

덧셈식 5+☐+☐+☐=☐

곱셈식 5×☐=☐

2 잎이 3장인 풀이 있습니다. 잎의 수를 곱셈식으로 나타내 보세요.

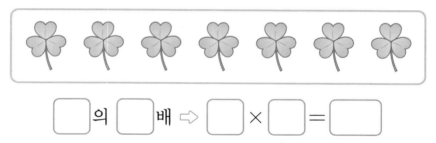

☐의 ☐배 ⇨ ☐×☐=☐

3 자동차의 수를 2가지 곱셈식으로 나타내 보세요.

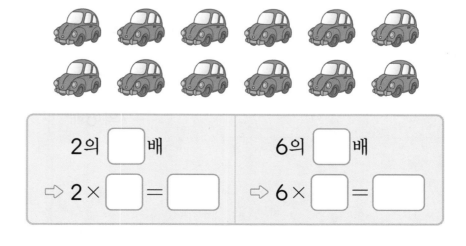

2의 ☐배
⇨ 2×☐=☐

6의 ☐배
⇨ 6×☐=☐

 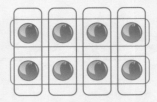

개념 확인 / 실력 문제

곱셈

2씩 5묶음 ⇨ 2의 5배

덧셈식 $2+2+2+2+2=10$

곱셈식 $2\times5=10$

읽기 • 2 곱하기 5는 10과 같습니다.

• 2와 5의 ⬜ 은 10입니다.

곱셈식으로 나타내기

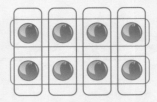

• 4의 2배 ⇨ $4\times2=8$

• 2의 4배 ⇨ $2\times4=8$

---

1 ⬜ 안에 알맞은 수를 써넣으세요.

6의 ⬜ 배 ⇨ ⬜ × ⬜

---

3 나타내는 수가 <u>다른</u> 것은 어느 것일까요? (　　)

① 5씩 4묶음

② 5×4

③ $5+4$

④ 5의 4배

⑤ $5+5+5+5$

---

2 바나나의 수를 덧셈식과 곱셈식으로 나타내 보세요.

덧셈식 _____

곱셈식 _____

---

4 관계있는 것끼리 선으로 이어 보세요.

8의 7배	•	•	7×6
9+9+9	•	•	9×3
7의 6배	•	•	8×7

▶ 정답과 풀이 **21쪽**

5 색종이의 수를 곱셈식으로 나타내 보세요.

□의 □배

곱셈식 _____

6 구멍이 4개인 단추가 6개 있습니다. 단춧구멍은 모두 몇 개인지 덧셈식과 곱셈식으로 나타내고 답을 구해 보세요.

덧셈식 _____

곱셈식 _____

답 _____

7 딸기의 수를 곱셈식으로 <u>잘못</u> 설명한 사람을 찾아 이름을 써 보세요.

- 가희: 7×4=28이야.
- 승우: 7+7+7+7은 7×7과 같아.
- 소연: 7과 4의 곱은 28이야.

( )

8 연필의 수를 2가지 곱셈식으로 나타내 보세요.

□ × □ = 45

□ × □ = 45

교과서 역량 문제 💡

9 준서는 하루에 동화책 2권 읽기를 다음과 같이 실천했습니다. 준서가 읽은 동화책의 수를 곱셈식으로 나타내 보세요.

계획 \ 요일	월	화	수	목	금
하루에 동화책 2권 읽기	○	×	○	○	×

□ × □ = □

➕ 먼저 준서가 하루에 동화책 2권을 읽은 날수를 세어 봅니다.

6단원 20강

단원 마무리

1 사과는 모두 몇 개인지 하나씩 세어 보세요.

(   )

⊕ 지우개는 모두 몇 개인지 2가지 방법으로 세려고 합니다. 물음에 답하세요. [2~3]

2 2씩 뛰어 세어 보세요.

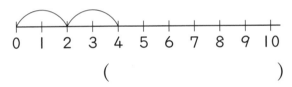

(   )

3 5개씩 묶어 세어 보세요.

5개씩 묶어 세면 ☐ 묶음입니다.

(   )

4 우유는 몇씩 몇 묶음인지 바르게 나타낸 것에 ◯표 하세요.

2씩 4묶음   4씩 2묶음

(   )   (   )

⊕ 토마토의 수를 알아보려고 합니다. 물음에 답하세요. [5~6]

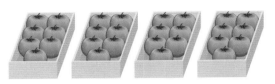

5 덧셈식으로 나타내 보세요.

$7 + 7 + \boxed{} + \boxed{} = \boxed{}$

6 곱셈식으로 나타내 보세요.

$7 \times \boxed{} = \boxed{}$

7 곱셈식을 알아보세요.

6 곱하기 9는 54와 같습니다.

(   )

8 관계있는 것끼리 선으로 이어 보세요.

2씩 2묶음   3씩 2묶음

2의 2배   3의 2배

◐ 정답과 풀이 **22**쪽

점수 ☐ 확인 ☐

🔍 솜사탕은 모두 몇 개인지 묶어 세어 보려고 합니다. ☐ 안에 알맞은 수를 써넣으세요. [9~10]

9 솜사탕은 2씩 ☐ 묶음이므로

☐ 개입니다.

10 솜사탕은 3씩 ☐ 묶음이므로

☐ 개입니다.

11 덧셈식을 곱셈식으로 나타내 보세요.

$$8+8+8+8+8+8=48$$

☐ × ☐ = ☐

12 나타내는 수가 다른 것을 찾아 기호를 써 보세요.

> ㉠ 9의 4배
> ㉡ 9+4
> ㉢ 9×4

( )

13 노란색 막대 길이는 초록색 막대 길이의 몇 배일까요?

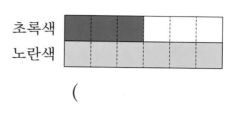

( )

14 과자의 수는 사탕의 수의 몇 배일까요?

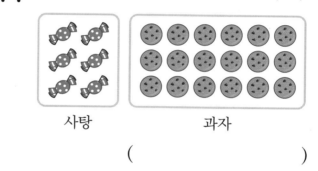

사탕　　　　　과자

( )

잘 틀리는 문제 🔍

15 그림을 보고 알맞은 곱셈식으로 나타내 보세요.

🎈	🎈🎈
5×1=5	5×2=10
🎈🎈🎈	🎈🎈 🎈🎈

16 ☐ 안에 알맞은 수를 써넣으세요.

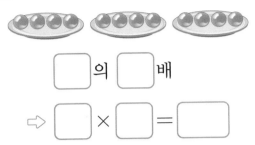

☐ 의 ☐ 배

⇨ ☐ × ☐ = ☐

17 종이비행기의 수를 2가지 곱셈식으로 나타내 보세요.

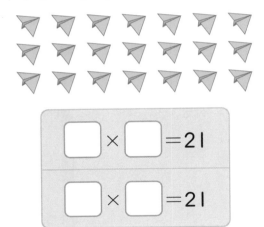

☐ × ☐ = 21

☐ × ☐ = 21

18 서우는 하루에 쓰레기 4개 줍기를 다음과 같이 실천했습니다. 서우가 주운 쓰레기의 수를 곱셈식으로 나타내 보세요.

계획 \ 요일	월	화	수	목	금
하루에 쓰레기 4개 줍기	×	○	○	×	×

☐ × ☐ = ☐

19 사탕의 수는 9의 몇 배인지 풀이 과정을 쓰고 답을 구해 보세요.

❶ 사탕의 수는 몇씩 몇 묶음인지 구하기

풀이 _____

❷ 사탕의 수는 9의 몇 배인지 구하기

풀이 _____

답 _____

20 준수는 한 상자에 3장씩 들어 있는 딱지를 4상자 가지고 있습니다. 준수가 가지고 있는 딱지는 모두 몇 장인지 풀이 과정을 쓰고 답을 구해 보세요.

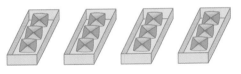

❶ 딱지의 수는 몇의 몇 배인지 구하기

풀이 _____

❷ 준수가 가지고 있는 딱지의 수 구하기

풀이 _____

답 _____

우주 여행 가이드

우주 여행 가이드는 우주 여행을 하고 싶어 하는 사람들에게 우주를 설명하며
우주 여행을 편안하게 할 수 있게 도와줘요. 우주에 관심이 있는 사람,
다른 사람을 잘 이끌고 설명을 잘하는 사람에게 꼭 맞는 직업이에요!

○ 그림을 색칠하며 '우주 여행 가이드'라는 직업에 대해 상상해 보세요.

교과서 개념 잡기

정답과 풀이

초등 수학 **2·1**

visang

ABOVE IMAGINATION

우리는 남다른 상상과 혁신으로
교육 문화의 새로운 전형을 만들어
모든 이의 행복한 경험과 성장에 기여한다

교과서 개념 잡기

정답과 풀이

초등 수학

2·1

정답과 풀이

1 세 자리 수

8쪽 교과서 **개념 ①**

1 (1) 10 / 1 / 20, 60, 100　(2) 100개
2 (1) 100　(2) 1

9쪽 수학 익힘 **기본 문제**

1 (1) 9, 0　　　　　(2) 10 / 100
　(3) 10, 0 / 100　(4) 1, 0 / 100
2 (1) 96, 98, 100　(2) 50, 70, 100

1 (1) 십 모형이 9개이고, 일 모형이 0개이면 90
　　입니다.
　(2) 십 모형이 9개이고, 일 모형이 10개이면
　　100입니다.
　(3) 십 모형이 10개이고, 일 모형이 0개이면
　　100입니다.
　(4) 백 모형이 1개, 십 모형이 0개, 일 모형이 0개
　　이면 100입니다.

10쪽 교과서 **개념 ②**

1 (1) 10 / 1 / 300　(2) 300권
2 예
　/ 5

11쪽 수학 익힘 **기본 문제**

1 (1) 200　(2) 400
2 (1) 6 / 육백　(2) 9 / 구백
3 (왼쪽에서부터) 300, 700, 800

1 (1) 백 모형이 2개이면 200입니다.
　(2) 100이 3개, 10이 10개이면 400입니다.

3 • 100이 3개이므로 300입니다.
　• 100이 7개이므로 700입니다.
　• 100이 8개이므로 800입니다.

12쪽 교과서 **개념 ③**

1 (1) 2, 3, 4　(2) 234장
2 예
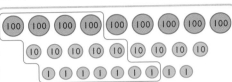
　/ 4, 5, 7

13쪽 수학 익힘 **기본 문제**

1 5, 6, 2, 562, 오백육십이
2 　　　**3** 810
4 304자루

3 1이 0개이면 일의 자리에서 0을 씁니다.
　⇨ 810
　참고 1이 0개이면 읽지 않습니다.
　810 ⇨ 팔백십

4 　100자루씩 3묶음 → 300자루
　　　낱개 4자루 →　　4자루
　　　　　　　　　　304자루

14쪽 교과서 **개념 ④**

1 (1) 300　(2) 40　(3) 3
2 (위에서부터) 6 / 6, 5 / 5 / 60, 5

15쪽 수학 익힘 **기본 문제**

1 예
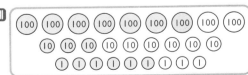
　/ 700, 30, 6
2 (1) 5, 500　(2) 9, 90　(3) 2, 2
3

1 736에서
- 7은 백의 자리 숫자이고 700을 나타냅니다.
  ⇨ 100이 7개
- 3은 십의 자리 숫자이고 30을 나타냅니다.
  ⇨ 10이 3개
- 6은 일의 자리 숫자이고 6을 나타냅니다.
  ⇨ 1이 6개

2 592에서
(1) 백의 자리 숫자는 5이고 100이 5개이므로 500을 나타냅니다.
(2) 십의 자리 숫자는 9이고 10이 9개이므로 90을 나타냅니다.
(3) 일의 자리 숫자는 2이고 1이 2개이므로 2를 나타냅니다.

3 424에서 밑줄 친 숫자 4는 백의 자리 숫자이고 400을 나타내므로 백 모형 4개에 ○표 합니다.

16쪽 교과서 **개념 ⑤**

1 (위에서부터) 990, 993, 995, 996, 998, 999
2 (1) 400, 700, 900 / 1
  (2) 930, 950, 990 / 1
  (3) 992, 994, 998 / 1
  (4) 1000

17쪽 수학 익힘 **기본 문제**

1 (1) 704, 804, 904 (2) 849, 859, 879
  (3) 376, 379, 380
2 (1) 10 (2) 1 (3) 100

1 (1) 100씩 뛰어 세면 백의 자리 숫자가 1씩 커집니다.
(2) 10씩 뛰어 세면 십의 자리 숫자가 1씩 커집니다.
(3) 1씩 뛰어 세면 일의 자리 숫자가 1씩 커집니다.

2 (1) 512에서 522로 십의 자리 숫자가 1만큼 더 커졌으므로 10씩 뛰어 센 것입니다.
(2) 108에서 109로 일의 자리 숫자가 1만큼 더 커졌으므로 1씩 뛰어 센 것입니다.
(3) 340에서 440으로 백의 자리 숫자가 1만큼 더 커졌으므로 100씩 뛰어 센 것입니다.

18쪽 교과서 **개념 ⑥**

1 (1) 같습니다   (2) 같습니다
  (3) 다릅니다   (4) 작은, <
2 (1) (위에서부터) 3, 0 / 1, 3
  (2) 894, 930

19쪽 수학 익힘 **기본 문제**

1 (위에서부터) 2, 5 / 5, 3 / <
2 (1) < (2) > (3) < (4) >
3 (1)

(2)

1 백의 자리 숫자가 같으므로 십의 자리 숫자를 비교합니다. 따라서 십의 자리 숫자를 비교하면 2<5이므로 425<453입니다.

2 (1) 284 < 531   (2) 670 > 608
      └2<5┘   └7>0┘
  (3) 136 < 139   (4) 725 > 724
      └6<9┘   └5>4┘

정답과 풀이

3 (1) • 백의 자리 숫자를 비교하면 5<6이므로 가장 큰 수는 624입니다.
　　• 578과 587의 백의 자리 숫자가 같으므로 십의 자리 숫자를 비교하면 7<8이므로 가장 작은 수는 578입니다.
　(2) • 백의 자리 숫자를 비교하면 1<2이므로 가장 큰 수는 231입니다.
　　• 156과 128의 백의 자리 숫자가 같으므로 십의 자리 숫자를 비교하면 5>2이므로 가장 작은 수는 128입니다.

20~21쪽	교과서 **개념 확인** ✚ 수학 익힘 **실력 문제**

396, 1

1 100　　　　　　　　　　　**2** 구백사
3 (1) 6 (2) 300
4 8, 2, 7 / 800, 20, 7
5 >　　　　　　　　　　　**6** 200자루
7 255, 305 / 10
8 (1)

761	762	763	764	765
771	772	773	774	775
781	782	783	784	785
791	792	793	794	795
801	**802**	**803**	**804**	**805**

　(2)

761	**762**	763	764	765
771	**772**	773	774	775
781	**782**	783	784	785
791	**792**	793	794	795
801	**802**	803	804	805

9 450, 350, 250, 150
10 ㉡　　　　　　　　　　**11** 7, 8, 9

3 (1) 256에서 6은 일의 자리 숫자이므로 6을 나타냅니다.
　(2) 370에서 3은 백의 자리 숫자이므로 300을 나타냅니다.

5 백의 자리 숫자가 같으므로 십의 자리 숫자를 비교합니다.
　⇨ 483>462
　　　└ 8>6 ┘

6 10이 10개이면 100이므로 10이 20개이면 200입니다.
따라서 색연필은 모두 200자루입니다.

7 265에서 275로 십의 자리 숫자가 1만큼 더 커졌으므로 10씩 뛰어 센 것입니다.

8 (1) 십의 자리 숫자가 0인 수는 801, 802, 803, 804, 805입니다.
　(2) 일의 자리 숫자가 2인 수는 762, 772, 782, 792, 802입니다.

9 650에서 출발해서 100씩 거꾸로 뛰어 세면 백의 자리 숫자가 1씩 작아집니다.

10 백 모형 2개와 십 모형 5개이므로 수 모형이 나타내는 수는 200보다 크고 300보다 작습니다.

11 42□>426에서 백, 십의 자리 숫자가 각각 같고 일의 자리 숫자를 비교하면 □>6이므로 □ 안에는 6보다 큰 숫자가 들어갈 수 있습니다.
따라서 □ 안에 들어갈 수 있는 수를 모두 찾으면 7, 8, 9입니다.

22~24쪽	**단원 마무리**

💬 서술형 문제는 풀이를 꼭 확인하세요!

1 100
2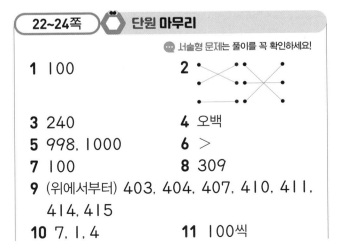
3 240　　　　　　　　　　**4** 오백
5 998, 1000　　　　　　　**6** >
7 100　　　　　　　　　　**8** 309
9 (위에서부터) 403, 404, 407, 410, 411, 414, 415
10 7, 1, 4　　　　　　　　**11** 100씩

12 9　　　　　　　　　**13** 142

14 935, 925, 915　　**15** 598

16 (　　)(○)　　**17** 312

18 1, 2, 3　　　　💬**19** 300개

💬**20** 266

2 ・400 ⇨ 100이 4개인 수 ⇨ 사백

・700 ⇨ 100이 7개인 수 ⇨ 칠백

・800 ⇨ 100이 8개인 수 ⇨ 팔백

3 100이 2개, 10이 4개이면 240입니다.

5 1씩 뛰어 세면 일의 자리 숫자가 1씩 커집니다.

⇨ 999보다 1만큼 더 큰 수는 1000입니다.

6 백, 십의 자리 숫자가 각각 같으므로 일의 자리 숫자를 비교합니다.

⇨ 315 > 310

└ 5 > 0 ┘

7 80보다 20만큼 더 큰 수는 100입니다.

8 수를 읽지 않은 자리에는 0을 씁니다.

9 401에서 402로 일의 자리 숫자가 1만큼 더 커졌으므로 1씩 뛰어 센 것입니다.

11 백의 자리 숫자가 1씩 커졌으므로 100씩 뛰어 셌습니다.

12 419에서 9는 일의 자리 숫자이므로 9를 나타냅니다.

13 100이　1개 → 100

10이　3개 →　30

1이 12개 →　12

―――――――――

142

14 945에서 출발해서 10씩 거꾸로 뛰어 세면 십의 자리 숫자가 1씩 작아집니다.

15 ・598 ⇨ 백의 자리 숫자: 5

・652 ⇨ 백의 자리 숫자: 6

・735 ⇨ 백의 자리 숫자: 7

16 숫자 8이 나타내는 수를 알아봅니다.

983 ⇨ 80, 860 ⇨ 800

17 ・백의 자리 숫자를 비교하면 2 < 3이므로 가장 작은 수는 265입니다.

・306과 312의 백의 자리 숫자가 같으므로 십의 자리 숫자를 비교하면 0 < 1이므로 가장 큰 수는 312입니다.

18 68□ < 684에서 백, 십의 자리 숫자가 각각 같고 일의 자리 숫자를 비교하면 □ < 4이므로 □ 안에는 4보다 작은 수가 들어갈 수 있습니다.

따라서 □ 안에 들어갈 수 있는 수를 모두 찾으면 1, 2, 3입니다.

💬**19** ❶ 예 밤이 100개씩 3상자 있습니다.

❷ 예 밤은 100개씩 3상자이므로 모두 300개입니다.

채점 기준	
❶ 밤이 100개씩 몇 상자 있는지 구하기	2점
❷ 밤은 모두 몇 개인지 구하기	3점

💬**20** ❶ 예 236에서 246으로 십의 자리 숫자가 1만큼 더 커졌으므로 10씩 뛰어 센 것입니다.

❷ 예 236-246-256-266에서 ♥에 알맞은 수는 266입니다.

채점 기준	
❶ 뛰어 센 규칙 찾기	2점
❷ ♥에 알맞은 수 구하기	3점

미래 직업을 알아봐요!

가상 도시 분석가

② 여러 가지 도형

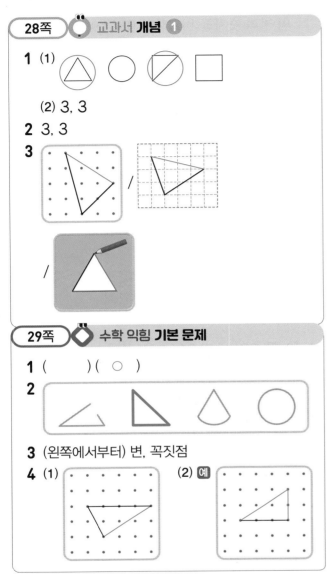

28쪽 교과서 개념 ①

1 (1) △⃝ ◯ ⊘ ☐

(2) 3, 3

2 3, 3

3 /

29쪽 수학 익힘 기본 문제

1 ( ) (◯)

2

3 (왼쪽에서부터) 변, 꼭짓점

4 (1) (2) 예

---

2 곧은 선 **3**개로 둘러싸인 도형을 찾습니다.
참고 곧은 선이 아니거나 중간에 연결되어 있지 않은 도형은 삼각형이 될 수 없습니다.

3 • 변: 삼각형의 곧은 선
• 꼭짓점: 삼각형의 곧은 선 **2**개가 만나는 점

4 (1) 점과 점을 곧은 선으로 이어 삼각형을 완성합니다.
(2) 점을 선택하고 곧은 선으로 이어 삼각형을 완성합니다.

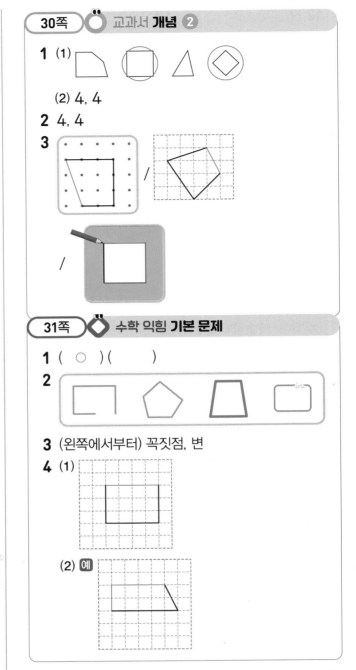

30쪽 교과서 개념 ②

1 (1) ⬠ ☐ △ ◇

(2) 4, 4

2 4, 4

3 /

/

31쪽 수학 익힘 기본 문제

1 (◯) ( )

2

3 (왼쪽에서부터) 꼭짓점, 변

4 (1) (2) 예

---

2 곧은 선 **4**개로 둘러싸인 도형을 모두 찾습니다.
참고 곧은 선이 아니거나 중간에 연결되어 있지 않은 도형은 사각형이 될 수 없습니다.

3 • 꼭짓점: 사각형의 곧은 선 **2**개가 만나는 점
• 변: 사각형의 곧은 선

4 (1) 점과 점을 곧은 선으로 이어 사각형을 완성합니다.
(2) 점을 선택하고 곧은 선으로 이어 사각형을 완성합니다.

1 (1)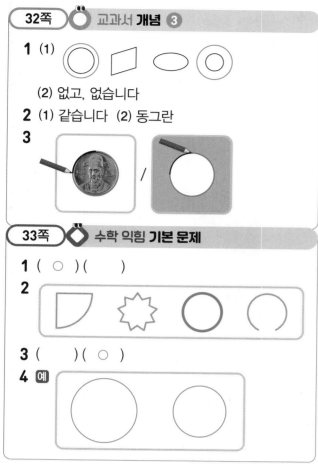

(2) 없고, 없습니다

2 (1) 같습니다 (2) 동그란

3

1 (○)(   )

2

3 (   )(○)

4 예

2 어느 곳에서 보아도 완전히 동그란 모양의 도형을 모두 찾습니다.

3 원의 크기는 다르지만 모양은 모두 같습니다.

4 참고 • 주변의 원 모양의 물건인 동전, 시계, 풀 뚜껑 등을 이용하여 원을 그릴 수 있습니다.
• 컵을 이용하면 위와 아래쪽 부분을 본떠 크기가 다른 두 원을 그려 볼 수 있습니다.

1 (1) 7 (2) ①, ②, ③, ⑤, ⑦ / ④, ⑥

2 (1) 예

(2) 예

3 예

1 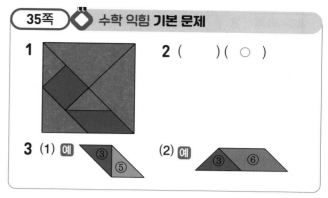   **2** (   )(○)

3 (1) 예   (2) 예

2 칠교 조각 중 삼각형은 5개, 사각형은 2개입니다.

1 (1) 상자 (2) 반듯하게 맞춰

2 (○)(   ) / (   )(○)

1 은희

2 (1) 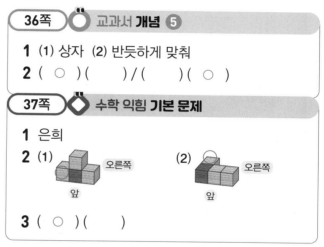   (2)

3 (○)(   )

1 쌓기나무를 반듯하게 맞춰 쌓으면 더 높이 쌓을 수 있습니다.
⇨ 더 높이 쌓을 수 있는 사람은 은희입니다.

3 두 번째 모양은 빨간색 쌓기나무 왼쪽과 뒤에 쌓기나무가 각각 |개씩 있습니다.

1 (1) 뒤 (2) 위 (3) 다릅니다 / |, 2

1 (   )(○)   **2** 오른쪽, 2

3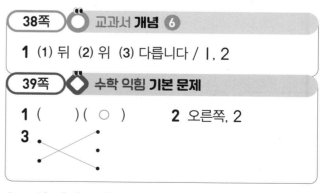

1 • 첫 번째 모양: |층에 3개, 2층에 |개, 3층에
|개 ⇨ 3+|+|=5(개)
• 두 번째 모양: |층에 4개

4

1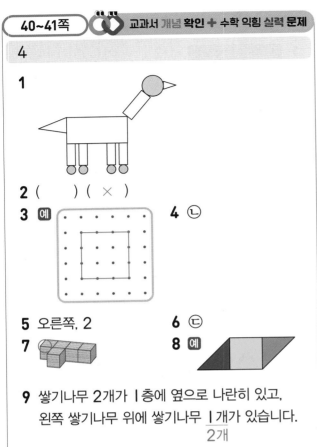

2 (　　) (×)

3 예

4 ㉡

5 오른쪽, 2　　**6** ㉢

7

8 예

9 쌓기나무 2개가 1층에 옆으로 나란히 있고, 왼쪽 쌓기나무 위에 쌓기나무 1개가 있습니다.
　　2개

4 ㉠ 삼각형은 변의 수가 3개입니다.
　㉢ 삼각형과 사각형은 굽은 선이 없습니다.

6 ㉠ 칠교 조각에는 원이 없습니다.
　㉢ 칠교 조각 중 크기가 가장 큰 조각은 삼각형입니다.

7
㉠㉡　㉢
㉤　　㉣
　⇨

㉠을 ㉣의 앞으로 옮겨야 합니다.

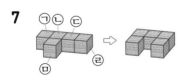

💬 서술형 문제는 풀이를 꼭 확인하세요!

1 ㉢　　　　**2** ㉣

3 ㉠, ㉤　　**4** 4개, 4개

5
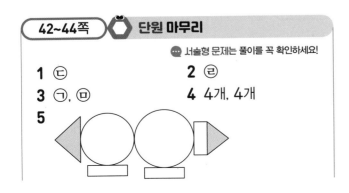

6
앞 / 오른쪽

7 (　　) (○)

8 예

9 (○) (　　)

10 ㉡　　　**11** 1

12 ㉡　　　**13** (○) (　　)

14 4개 / 1개

15 예　　　**16**

17 예　　　**18**
앞 / 오른쪽

💬**19** 풀이 참조　　💬**20** 풀이 참조

9 두 번째 모양은 빨간색 쌓기나무 오른쪽과 위에 쌓기나무가 각각 1개씩 있습니다.

10 ㉠ 1층에 4개
　㉡ 1층에 4개, 2층에 1개 ⇨ 4+1=5(개)

12 ㉡ 원은 곧은 선이 없습니다.

13 두 번째 모양은 쌓기나무 2개가 옆으로 나란히 있고, 오른쪽 쌓기나무 뒤에 쌓기나무 1개가 있습니다.

16
㉠㉡　㉢
㉤　　㉣
　⇨

㉤을 ㉠의 왼쪽으로 옮겨야 합니다.

💬**19** 예 곧은 선이 없어야 하는데 곧은 선이 있으므로 원이 아닙니다.」❶

채점 기준	
❶ 도형이 원이 아닌 이유 설명하기	5점

💬**20** 예 쌓기나무 2개가 옆으로 나란히 있고, 오른쪽 쌓기나무 앞에 쌓기나무 1개가 있습니다.」❶

채점 기준	
❶ 쌓은 모양 설명하기	5점

③ 덧셈과 뺄셈

48쪽 🔵 교과서 **개념 ①**

1 (1) 4
　(2) 21, 22

　/ 예 ,

　　22 / 2, 2
　(3) 22송이

49쪽 🔷 수학 익힘 **기본 문제**

1 (1) 23, 24, 25
　(2) 예 ,

　　25
　(3) 25
2 26
3 (1) 30 (2) 43 (3) 55 (4) 72

---

1 (2) 참고 ○가 9개 있는 십 배열판이 모두 채워지도록 6을 1과 5로 가르기하여 채웁니다.

2 십 모형은 1개, 일 모형은 16개이고 일 모형 10개는 십 모형 1개로 바꿀 수 있습니다.
따라서 십 모형 2개와 일 모형 6개가 되므로 17+9=26입니다.

3 (1) 26에서 4만큼 이어 셉니다.
　⇨ 26　27　28　29　**30**
　(2) 38에서 5만큼 이어 셉니다.
　⇨ 38　39　40　41　42　**43**
　(3) 8을 3과 5로 가르기하여 47에 3을 더한 다음 5를 더하면 55입니다.
　(4) 7을 5와 2로 가르기하여 65에 5를 더한 다음 2를 더하면 72입니다.

50쪽 🔵 교과서 **개념 ②**

1 39, 44 / 30, 44 / 14, 44
2 4 / 4, 4

51쪽 🔷 수학 익힘 **기본 문제**

1 (1) 3, 3, 41 (2) 21, 21, 41
　(3) 8, 3, 11, 41
2 61
3 (1) 1, 6, 5 (2) 1, 9, 0 (3) 94 (4) 92

2 십 모형은 5개, 일 모형은 11개이고 일 모형 10개는 십 모형 1개로 바꿀 수 있습니다.
따라서 십 모형 6개와 일 모형 1개가 되므로 26+35=61입니다.

3 (3)
```
    1
    5 6
 + 3 8
 -----
    9 4
```
　(4)
```
    1
    6 5
 + 2 7
 -----
    9 2
```

52쪽 🔵 교과서 **개념 ③**

1 (1) 42 (2) 6 / 1, 6 / 1, 1, 6 (3) 116명

53쪽 🔷 수학 익힘 **기본 문제**

1 115
2 (1) 1, 1, 0, 7 (2) 1, 1, 1, 2, 1
　(3) 149 (4) 162
3

1 십 모형은 11개, 일 모형은 5개이고 십 모형 10개는 백 모형 1개로 바꿀 수 있습니다.
따라서 백 모형 1개, 십 모형 1개, 일 모형 5개가 되므로 62+53=115입니다.

2 (3)
```
    1
    5 2
 + 9 7
 -----
  1 4 9
```
　(4)
```
    1 1
    7 8
 + 8 4
 -----
  1 6 2
```

3. 덧셈과 뺄셈 **9**

3

```
  1 1
  2 7
+ 7 6
-----
1 0 3
```

```
  1 1
  7 9
+ 6 8
-----
1 4 7
```

54쪽 교과서 **개념 ④**

1 (1) 8

　(2) (왼쪽에서부터) 13, 14

　/ 예

```
○○○○○ ○○○○○ ⊘
○○○○○ ⊘⊘⊘⊘⊘ ⊘
```

，

　13 / 1, 3

　(3) 13개

55쪽 수학 익힘 **기본 문제**

1 (1) (왼쪽에서부터) 18, 19, 20

　(2) 예

```
○○○○○ ○○○○○ ⊘⊘⊘⊘
○○○○○ ○○⊘⊘⊘
```

，

　18

　(3) 18

2 28

3 (1) 19　(2) 47　(3) 55　(4) 67

---

1 (2) 참고 6을 2와 4로 가르기하여 ○를 4개 먼저
　　지우고 2개 더 지웁니다.

2 십 모형 1개를 일 모형 10개로 바꾼 후 일 모
　형 15개에서 7개를 뺍니다.
　따라서 십 모형 2개와 일 모형 8개가 남으므로
　35−7=28입니다.

3 (1) 23에서 4만큼 거꾸로 셉니다.
　　⇨ **19** 20 21 22 23

　(2) 52에서 5만큼 거꾸로 셉니다.
　　⇨ **47** 48 49 50 51 52

　(3) 6을 1과 5로 가르기하여 61에서 1을 뺀
　　다음 5를 더 빼면 55입니다.

　(4) 9를 6과 3으로 가르기하여 76에서 6을 뺀
　　다음 3을 더 빼면 67입니다.

56쪽 교과서 **개념 ⑤**

1 20, 11 / 20, 11 / 1, 11

2 1 / 1, 1

57쪽 수학 익힘 **기본 문제**

1 (1) 6, 6, 24　(2) 44, 20, 24

2 22

3 (1) 1, 10, 9　(2) 6, 10, 3, 3　(3) 8　(4) 57

2 십 모형 1개를 일 모형 10개로 바꾼 후 십 모
　형 2개와 일 모형 8개를 뺍니다.
　따라서 십 모형 2개와 일 모형 2개가 남으므로
　50−28=22입니다.

3 (3)

```
  5 10
  6̸ 0
− 5 2
-----
    8
```

　　(4)

```
  7 10
  8̸ 0
− 2 3
-----
  5 7
```

58쪽 교과서 **개념 ⑥**

1 (1) 47　(2) 6 / 1, 6　(3) 16그루

59쪽 수학 익힘 **기본 문제**

1 17

2 (1) 2, 10, 1, 8　(2) 7, 10, 3, 7　(3) 26　(4) 39

3

```
•————————•
•———————•
•
```

1 십 모형 1개를 일 모형 10개로 바꾼 후 십 모
　형 2개와 일 모형 5개를 뺍니다.
　따라서 십 모형 1개와 일 모형 7개가 남으므로
　42−25=17입니다.

2 (3)

```
  5 10
  6̸ 2
− 3 6
-----
  2 6
```

　　(4)

```
  6 10
  7̸ 1
− 3 2
-----
  3 9
```

3

```
  3 10
  4̸ 4
− 1 5
-----
  2 9
```

```
  8 10
  9̸ 3
− 5 8
-----
  3 5
```

백 / 일

1 (1) 63 (2) 44　　**2** 7, 7, 81

3 48　　**4** 39

5 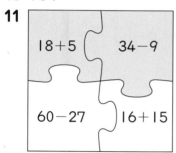　　**6**
$$
\begin{array}{r}
{\scriptstyle 4\ \ 10}\\
\cancel{5}\ 2\\
-\ 3\ 7\\
\hline
1\ 5
\end{array}
$$

7 (○)(　)

8 42＋61＝103 / 103개

9 77−59＝18 / 18개

10 134

11

18＋5	34−9
60−27	16＋15

12 9

---

1 (1)
$$
\begin{array}{r}
1\\
4\ 8\\
+\ 1\ 5\\
\hline
6\ 3
\end{array}
$$
(2)
$$
\begin{array}{r}
{\scriptstyle 7\ \ 10}\\
\cancel{8}\ 0\\
-\ 3\ 6\\
\hline
4\ 4
\end{array}
$$

3
$$
\begin{array}{r}
{\scriptstyle 6\ \ 10}\\
\cancel{7}\ 6\\
-\ 2\ 8\\
\hline
4\ 8
\end{array}
$$

4 더 작은 수를 구하려면 뺄셈을 이용합니다.
45−6＝39

5 ・68＋4＝72　　・15＋56＝71
　・32＋39＝71　　・4＋68＝72
　　　　　　　　　・27＋43＝70

참고 더해지는 수와 더하는 수의 순서를 바꾸어도 결과는 같습니다.

6 십의 자리에서 받아내림하여 남은 수 4에서 3을 빼야 합니다.

7 26＋7＝33, 63−45＝18
⇨ 33＞18

---

8 (건희가 딴 딸기의 수)＋(윤우가 딴 딸기의 수)
＝42＋61＝103(개)

9 (처음에 있던 사과의 수)−(팔린 사과의 수)
＝77−59＝18(개)

10 가장 큰 수는 85이고, 가장 작은 수는 49입니다. ⇨ 85＋49＝134

11 ・18＋5＝23　　・34−9＝25
　・60−27＝33　　・16＋15＝31
따라서 계산 결과가 30보다 작은 조각은 18＋5＝23, 34−9＝25이므로 두 조각에 색칠합니다.

12 일의 자리 수 0에서 4를 뺄 수 없으므로 십의 자리에서 받아내림이 있는 계산임을 알 수 있습니다.
□−1−5＝3이므로 □＝9입니다.

---

1 (1) 7, 14
　(2) (계산 순서대로) 43, 29, 29 / 43, 43, 29

2 (1) 9, 17
　(2) (계산 순서대로) 23, 40, 40 / 23, 23, 40

1 (1) 26 / (계산 순서대로) 45, 45, 26
　(2) 31 / (계산 순서대로) 15, 15, 31

2 (1) 35 (2) 47 (3) 24 (4) 70

3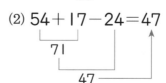

---

2 (1) 28＋13−6＝35
　　　　⎣＿41＿⎦
　　　　　　⎣＿＿35＿＿⎦

(2) 54＋17−24＝47
　　　⎣＿71＿⎦
　　　　　⎣＿＿47＿＿⎦

(3) $45-26+5=24$

19

24

(4) $61-29+38=70$

32

70

3 · $46+27-35=38$

73

38

· $52-14+39=77$

38

77

64쪽 교과서 **개념 8**

1 (1) 12 (2) $4 / 8$ (3) $8 / 12$
2 (1) 6 (2) $11 / 11$ (3) $6 / 5$

65쪽 수학 익힘 **기본 문제**

1 $10 / 6, 10$ **2** $37 / 45, 37$
3 $24 / 24, 33$

66쪽 교과서 **개념 9**

1 (1) 10 (2) 4 **2** (1) 13 (2) 8

67쪽 수학 익힘 **기본 문제**

1 예 $8+\square=11 / 3$
2 예 $\square+6=14 / 8$
3 예 $7+\square=12 / 5$
4 예 $\square+8=19 / 11$

1 $8+\square=11 \Rightarrow 11-8=\square, \square=3$

2 $\square+6=14 \Rightarrow 14-6=\square, \square=8$

3 $7+\square=12 \Rightarrow 12-7=\square, \square=5$

4 $\square+8=19 \Rightarrow 19-8=\square, \square=11$

68쪽 교과서 **개념 10**

1 (1) 6 (2) 9 **2** (1) 8 (2) 14

69쪽 수학 익힘 **기본 문제**

1 예 $16-\square=4 / 12$
2 예 $\square-5=7 / 12$
3 예 $17-\square=9 / 8$
4 $11 / 11$

1 $16-\square=4 \Rightarrow 16-4=\square, \square=12$

2 $\square-5=7 \Rightarrow 5+7=\square, \square=12$

3 $17-\square=9 \Rightarrow 17-9=\square, \square=8$

4 $\square-5=6 \Rightarrow 5+6=\square, \square=11$

70~71쪽 교과서 **개념 확인** + 수학 익힘 **실력 문제**

앞

1 26
2 $45, 19, 26 / 45, 26, 19$
3 $27, 33, 60 / 33, 27, 60$
4 64 **5** (1) 6 (2) 13
6 38
7 $36-17+15=34$

①

19

②

34

8 (   )(○)
9 $32-16+24=40 / 40$장
10 $4+7=11$ 또는 $7+4=11$
     / $11-4=7, 11-7=4$
11 예 $25+\square=45 / 20$
12 예 $\square-5=9 / 14$

1 $12+28-14=40-14=26$

4 $87-39+16=48+16=64$

5 (1) $9+\square=15 \Rightarrow 15-9=\square, \square=6$
     (2) $21-\square=8 \Rightarrow 21-8=\square, \square=13$

6 ・▲＝24＋13－18＝37－18＝19
・●＝24－18＋13＝6＋13＝19
　⇨ ▲＋●＝19＋19＝38

7 앞에서부터 차례대로 계산해야 합니다.

8 ・□＋6＝12 ⇨ 12－6＝□, □＝6
・9－□＝2 ⇨ 9－2＝□, □＝7

9 (아인이가 가지고 있는 색종이의 수)
＝32－16＋24
＝16＋24＝40(장)

11 25＋□＝45 ⇨ 45－25＝□, □＝20

12 □－5＝9 ⇨ 5＋9＝□, □＝14

72~74쪽 🔶 **단원 마무리**

💬 서술형 문제는 풀이를 꼭 확인하세요!

1 30　　　　　　　　　**2** 48

3 23, 23, 63

4 (계산 순서대로) 26, 43, 43

5 (○)　　　　　　　**6** 74
　(　)

7 [교차 연결선]　　　　**8** >

9 8, 26, 34 / 26, 8, 34

10 28　　　　　　　　**11** 29

12 56개　　　　　　　**13** 46

14 예 6＋□＝13 / 7

15 27개

16 9＋5＝14 또는 5＋9＝14
　/ 14－9＝5, 14－5＝9

17 예 31－□＝18 / 13

18 4　　　　　　💬**19** 풀이 참조

💬**20** 15마리

---

5 37＋85＝122

8 50－14＝36, 82－47＝35
　⇨ 36>35

10 ・●＝54＋38＝92
・■＝45＋19＝64
　⇨ ●－■＝92－64＝28

---

11 27＋□＝56 ⇨ 56－27＝□, □＝29

12 (소희와 윤수가 캔 감자의 수)
＝17＋39＝56(개)

13 가장 큰 수는 62이고, 가장 작은 수는 16입니
다. ⇨ 62－16＝46

14 6＋□＝13 ⇨ 13－6＝□, □＝7

15 (빨간색 구슬의 수)＝16＋18－7
　　　　　　　　＝34－7＝27(개)

17 31－□＝18 ⇨ 31－18＝□, □＝13

18 일의 자리 수끼리의 합이 10이므로 십의 자리로
받아올림한 계산임을 알 수 있습니다.
□＋6＝10이므로 □＝4입니다.

💬**19** ❶ 예
$$\begin{array}{r} 6\ 3 \\ +\ 8\ 9 \\ \hline 1\ 5\ 2 \end{array}$$

❷ 예 십의 자리 계산에서 일의 자리에서 받아올
림한 수를 더해야 하는데 더하지 않았습니다.

채점 기준	
❶ 바르게 계산하기	2점
❷ 잘못 계산한 이유 쓰기	3점

💬**20** ❶ 예 처음에 있던 비둘기의 수에서 날아간 비
둘기의 수를 빼면 되므로 40－25를 계산
합니다.

❷ 예 40－25＝15이므로 남아 있는 비둘기
는 15마리입니다.

채점 기준	
❶ 문제에 알맞은 식 구하기	2점
❷ 남아 있는 비둘기는 몇 마리인지 구하기	3점

미래 직업을 알아봐요!

드론 전문가

4 길이 재기

1 (1) 없습니다 (2) ㉡
2 (○)
   ( )

1 종이띠를 이용하여 비교하기 / 깁니다
2 나   **3** ㉠

1 직접 맞대어 길이를 비교할 수 없으므로 종이띠를 이용하여 길이를 비교하면 ㉠의 길이가 더 깁니다.

2 직접 맞대어 길이를 비교할 수 없으므로 종이띠를 이용하여 길이를 비교하면 나의 길이가 더 짧습니다.

3 직접 맞대어 길이를 비교할 수 없으므로 종이띠를 이용하여 길이를 비교하면 ㉠의 길이가 더 깁니다.

1 예 4   **2** 6, 3 / 많습니다

1 (   )(○)(△)
2 8
3 예 4, 예 7 / 깁니다, 적습니다

1 길이가 긴 것부터 차례대로 쓰면 뼘, 크레파스, 클립입니다.
   ⇨ 가장 긴 것은 뼘, 가장 짧은 것은 클립입니다.

3 빨대를 옮겨 가며 빈틈없이 이어서 책꽂이의 긴 쪽의 길이를 재면 빨대로 4번쯤이고, 뼘을 옮겨 가며 빈틈없이 이어서 책꽂이의 긴 쪽의 길이를 재면 뼘으로 7번쯤입니다.

1 다릅니다, 달라서
2 (1) 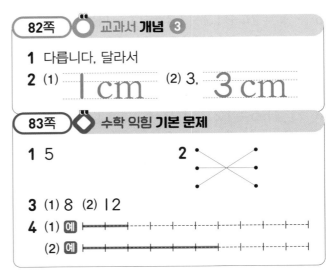 (2) 3,

1 5   **2**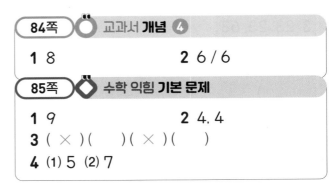

3 (1) 8 (2) 12
4 (1) 예
   (2) 예

4 (1) 2 cm는 1 cm로 2번인 길이이므로 2칸을 선으로 긋습니다.
   (2) 6 cm는 1 cm로 6번인 길이이므로 6칸을 선으로 긋습니다.

1 8   **2** 6 / 6

1 9   **2** 4, 4
3 (×)(   )(×)(   )
4 (1) 5 (2) 7

1 색연필의 한쪽 끝을 자의 눈금 0에 맞추면 다른 쪽 끝이 자의 눈금 9에 있으므로 색연필의 길이는 9 cm입니다.

2 자의 눈금 3부터 7까지 1 cm가 4번 들어가므로 면봉의 길이는 4 cm입니다.

3 • 물건의 한쪽 끝을 자의 눈금 0 또는 자의 한쪽 눈금에 맞추어야 합니다.
   • 물건을 자의 눈금과 나란히 놓아야 합니다.

4 (1) 빨대의 한쪽 끝을 자의 눈금 0에 맞추면 다른 쪽 끝이 자의 눈금 5에 있으므로 빨대의 길이는 5 cm입니다.
   (2) 빨대의 한쪽 끝을 자의 눈금 0에 맞추면 다른 쪽 끝이 자의 눈금 7에 있으므로 빨대의 길이는 7 cm입니다.

1 3 / 3   **2** 6 / 6

1 (1) 7 / 7 (2) 7 / 7   **2** 8
3 (1) 4 (2) 10

2 끈은 1 cm가 8번과 9번 사이에 있고, 8번에
가깝기 때문에 끈의 길이는 약 8 cm입니다.

3 (1) 지우개의 길이를 자로 재면 4 cm에 가깝기
때문에 약 4 cm입니다.
(2) 칫솔의 길이를 자로 재면 10 cm에 가깝기
때문에 약 10 cm입니다.

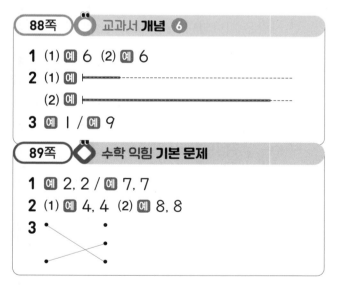

1 (1) 예 6 (2) 예 6
2 (1) 예 ┣━━━━━━------------
　　(2) 예 ┣━━━━━━━━━━━━━----
3 예 1 / 예 9

1 예 2, 2 / 예 7, 7
2 (1) 예 4, 4 (2) 예 8, 8
3

1 1 cm의 길이를 생각하여 1 cm가 몇 번쯤 들
어있는지 어림하고 길이를 자로 재어 봅니다.

2 1 cm의 길이를 생각하여 1 cm가 몇 번쯤 들
어있는지 어림하고 길이를 자로 재어 봅니다.

3 손톱깎이의 실제 길이는 약 6 cm, 필통의 실제
길이는 약 20 cm입니다.

0

1 3번   **2** 4 cm
3 6 cm   **4** 5 cm
5 예 6, 6
6 (×) ( )   **7** 3번
8 유라   **9** 혜주
10

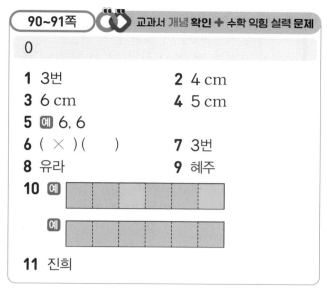

11 진희

1 파의 길이는 연필을 3번 놓은 길이와 같으므로
연필로 3번입니다.

2 껌은 눈금 3부터 7까지 1 cm가 4번 들어가므
로 껌의 길이는 4 cm입니다.

3 팔찌는 6 cm와 7 cm 사이에 있고, 6 cm에
가깝기 때문에 팔찌의 길이는 약 6 cm입니다.

4 바늘의 한쪽 끝을 자의 눈금 0에 맞추면 다른
쪽 끝이 자의 눈금 5에 있으므로 바늘의 길이는
5 cm입니다.

6 종이띠는 1 cm가 4번과 5번 사이에 있고, 5번
들어간 곳에 가깝습니다. 따라서 종이띠의 길이
는 약 5 cm이므로 종이띠의 길이를 잘못 말한
사람은 형우입니다.

7 펜의 길이는 클립 6개의 길이와 같습니다. 따라
서 클립 2개의 길이는 크레파스 1개의 길이와
같으므로 펜의 길이는 크레파스로 3번입니다.

8 어림한 길이와 끈의 실제 길이의 차가 유라는
13-12=1(cm), 선우는 15-13=2(cm)
입니다. 따라서 끈을 실제 길이에 더 가깝게 어림
한 사람은 유라입니다.

9 똑같은 길이를 잴 때 단위의 길이가 짧을수록
잰 횟수는 더 많습니다. 따라서 한 뼘의 길이가
더 짧은 사람은 혜주입니다.

10 2 cm 막대 2개, 1 cm 막대 2개를 사용하여
6 cm를 칠하기, 2 cm 막대 3개를 사용하여
6 cm를 칠하기 등 여러 가지 방법으로 6 cm
를 색칠할 수 있습니다.

11 잰 횟수가 5번으로 같으므로 단위의 길이가 길수록 털실의 길이가 더 깁니다.
따라서 옷핀과 뼘 중 길이가 더 긴 단위는 뼘이므로 더 긴 털실을 가지고 있는 사람은 진희입니다.

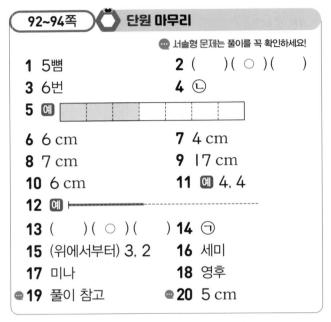

92~94쪽 ⬡ **단원 마무리**

💬 서술형 문제는 풀이를 꼭 확인하세요!

1 5뼘 **2** ( )(○)( )
3 6번 **4** ㉡
5 예
6 6 cm **7** 4 cm
8 7 cm **9** 17 cm
10 6 cm **11** 예 4, 4
12 예
13 ( )(○)( ) **14** ㉠
15 (위에서부터) 3, 2 **16** 세미
17 미나 **18** 영후
💬**19** 풀이 참고 💬**20** 5 cm

2 cm는 아래 칸에만 쓰고, 숫자는 위와 아래 칸에 모두 차도록 씁니다.

3 국자의 길이는 못을 6번 늘어놓은 길이와 같으므로 못으로 6번입니다.

4 ・㉠: 물건의 한쪽 끝을 자의 눈금 0 또는 자의 한쪽 눈금에 맞추어야 합니다.
・㉡: 물건을 자의 눈금과 나란히 놓아야 합니다.

5 3 cm는 1 cm로 3번인 길이이므로 3칸을 색칠합니다.

6 소시지의 한쪽 끝을 자의 눈금 0에 맞추면 다른 쪽 끝이 자의 눈금 6에 있으므로 소시지의 길이는 6 cm입니다.

7 열쇠는 4 cm와 5 cm 사이에 있고, 4 cm에 가깝기 때문에 열쇠의 길이는 약 4 cm입니다.

8 사인펜의 한쪽 끝을 자의 눈금 0에 맞추면 다른 쪽 끝이 자의 눈금 7에 있으므로 사인펜의 길이는 7 cm입니다.

9 1 cm로 17번이면 17 cm입니다.

10 머리끈의 길이를 자로 재면 6 cm에 가깝기 때문에 약 6 cm입니다.

11 1 cm의 길이를 생각하여 1 cm가 몇 번쯤 들어 있는지 어림하고 길이를 자로 재어 봅니다.

12 1 cm의 길이를 생각하여 2번쯤으로 2 cm만큼 어림한 다음 선을 긋습니다.

13 가위의 실제 길이는 약 15 cm입니다.

14 ㉠ 3 cm ㉡ 2 cm ㉢ 2 cm
⇨ 리본의 길이가 가장 긴 것은 ㉠입니다.

15 길이가 자의 눈금 사이에 있을 때는 눈금과 가까운 쪽에 있는 숫자를 읽으며, 숫자 앞에 '약'을 붙여 말합니다.

16 똑같은 길이를 잴 때 단위의 길이가 길수록 잰 횟수는 더 적습니다.
따라서 한 뼘의 길이가 더 긴 사람은 세미입니다.

17 색 테이프는 1 cm가 4번과 5번 사이에 있고, 4번에 가깝습니다. 따라서 색 테이프의 길이는 약 4 cm이므로 색 테이프의 길이를 바르게 말한 사람은 미나입니다.

18 잰 횟수가 7번으로 같으므로 단위의 길이가 짧을수록 줄의 길이가 더 짧습니다.
따라서 크레파스, 필통 중 길이가 더 짧은 단위는 크레파스이므로 더 짧은 줄을 가지고 있는 사람은 영후입니다.

💬**19** 예 지우와 서준이의 뼘의 길이가 서로 다르기 때문입니다.」❶

채점 기준	
❶ 두 사람이 잰 줄넘기의 길이가 다른 이유 쓰기	5점

💬**20** ❶ 예 색연필이 자의 눈금 3부터 8까지 있으므로 색연필의 길이에는 1 cm가 5번 들어갑니다.
❷ 예 1 cm가 5번 있는 길이는 5 cm이므로 색연필의 길이는 5 cm입니다.

채점 기준	
❶ 색연필의 길이에는 1 cm가 몇 번 들어가는지 구하기	3점
❷ 색연필의 길이는 몇 cm인지 구하기	2점

⑤ 분류하기

98쪽 교과서 **개념 ①**

1 (1) 다릅니다, 분명하지 않기
   (2) 같습니다, 분명하기

99쪽 수학 익힘 **기본 문제**

1 (　)(○)
2 (　)(　)(×)
3 예 손잡이가 있는 것과 없는 것

1 '귀엽다'라는 기준은 사람마다 다를 수 있어 분류 기준으로 알맞지 않습니다.

2 • 색깔은 갈색, 노란색으로 분류할 수 있습니다.
   • 모양은 ○, □, ♡ 모양으로 분류할 수 있습니다.
   • '맛있다'라는 기준은 사람마다 다를 수 있어 분류 기준으로 알맞지 않습니다.

3 참고 색깔(노란색, 빨간색)로 분류할 수도 있습니다.

100쪽 교과서 **개념 ②**

1 (1) ①, ②, ④, ⑥, ⑦ / ③, ⑤, ⑧
   (2) ④, ⑥ / ③, ⑤, ⑧ / ①, ②, ⑦

101쪽 수학 익힘 **기본 문제**

1 ①, ⑥ / ②, ③, ⑤ / ④, ⑦

2
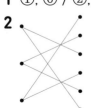

2 각 가게에 어울리는 물건을 찾아 선으로 잇습니다.

102쪽 교과서 **개념 ③**

1 (1) 파란색 (2) 예 모양
2 예 모양 /

○	□	✿
①, ④, ⑦	②, ⑤	③, ⑥, ⑧

103쪽 수학 익힘 **기본 문제**

1 예 맛 / 예 모양
2 예 색깔 /

빨간색	초록색	노란색
①, ⑤	②, ⑥	③, ④

3 예 손잡이의 수 /

0개	1개	2개
②, ④	①, ⑤	③, ⑥

1 참고 색깔을 기준으로 분류할 수도 있습니다.

3 참고 컵의 무늬를 기준으로 분류할 수도 있습니다.

104쪽 교과서 **개념 ④**

1

모양	⬛	⬤	●
물건의 이름	필통, 책	저금통, 연필꽂이, 풀	구슬
물건의 수(개)	2	3	1

2

색깔	빨간색	파란색	노란색
세면서 표시하기	﷼﷼ ﷼﷼	﷼﷼ ﷼﷼	﷼﷼ ﷼﷼
블록의 수(개)	7	2	3

1

윗옷 색깔	빨간색	노란색	파란색
세면서 표시하기	卅卄 卅卄	卅卄 卅卄	卅卄 卅卄
학생 수(명)	3	3	4

2 예 모자 색깔 /

모자 색깔	초록색	보라색	주황색
학생 수(명)	5	3	2

2 참고 안경을 쓴 학생과 안 쓴 학생, 신발 색깔, 가방을 멘 학생과 안 멘 학생 등을 기준으로 분류할 수도 있습니다.

1 (1)

책의 크기	큰 책		작은 책	
세면서 표시하기	卅卄 卅卄		卅卄 卅卄	
책의 수(권)	8		7	

책의 종류	과학 이야기	세계 동화	역사 만화
세면서 표시하기	卅卄 卅卄	卅卄 卅卄	卅卄 卅卄
책의 수(권)	8	3	4

(2) 과학 이야기

1 (1)

종류	농구공	배구공	축구공
세면서 표시하기	卅卄 卅卄	卅卄 卅卄	卅卄 卅卄
공의 수(개)	4	7	6

(2) 농구공

2 (1)

색깔	빨간색	노란색	파란색
세면서 표시하기	卅卄 卅卄	卅卄 卅卄	卅卄 卅卄
종이컵의 수(개)	5	6	3

(2) 노란색 (3) 파란색

1 (2) $4 < 6 < 7$이므로 가장 적은 공은 농구공입니다.

2 (2), (3) $6 > 5 > 3$이므로 가장 많은 종이컵의 색깔은 노란색이고 가장 적은 종이컵의 색깔은 파란색입니다.

2 / 빨간색

1 (×) ( )
2 ①, ③, ④ / ⑤ / ②, ⑥
3 예 구멍의 수
4 예

구멍의 수	2개	3개	4개
단추의 수(개)	4	2	4

5 국어 교과서, 교과서 칸
6 4, 3, 8
7 초록색
8 예 초록색

1 '예쁘다'라는 기준은 사람마다 다를 수 있어 분류 기준으로 알맞지 않습니다.

3 참고 단추의 모양, 색깔 등을 기준으로 분류할 수도 있습니다.

5 각각의 칸에서 교과서, 사전, 동화책에 해당하지 않는 것을 먼저 찾고, 알맞은 칸으로 옮겨 바르게 분류합니다.

7 8 > 4 > 3이므로 가장 많이 사용하는 공책의 색깔은 초록색입니다.

8 희주네 반 학생들이 초록색 공책을 가장 많이 사용하므로 초록색 공책을 가장 많이 준비하면 좋습니다.

9 딸기와 레몬의 수가 각각 5개로 같습니다.

14 연예인이 되고 싶어 하는 학생이 6명으로 가장 많습니다.

15 의사가 되고 싶어 하는 학생이 2명으로 가장 적습니다.

17 포도주스를 좋아하는 학생이 5명이므로 좋아하는 학생 수가 5명보다 더 많은 주스는 7명인 오렌지주스입니다.

18 윤아네 반 학생들이 오렌지주스를 가장 많이 좋아하므로 오렌지주스를 가장 많이 준비하면 좋습니다.

19 예 사람마다 맛있다고 생각하는 기준이 다르므로 분류 기준이 분명하지 않습니다.」❶

채점 기준	
❶ 분류 기준으로 알맞지 않은 이유 쓰기	5점

20 ❶

❷ 예 5000원짜리는 지폐인데 동전으로 분류되어 있습니다.

채점 기준	
❶ 잘못 분류된 것을 찾아 ○표 하기	2점
❷ 그렇게 생각한 이유 쓰기	3점

110~112쪽 🔷 **단원 마무리**

💬 서술형 문제는 풀이를 꼭 확인하세요!

1 모양　　　　　　　**2** ㉡

3 ①, ④, ⑥ / ②, ③, ⑤, ⑦, ⑧

4 ①, ③, ④, ⑤, ⑧ / ②, ⑥, ⑦

5 토끼, 호랑이 / 금붕어, 돌고래

6 종류

7

8 5, 5, 8　　　　　　**9** 딸기, 레몬

10 예 모양 / 예 색깔

11 예 색깔 /

색깔	빨간색	노란색	파란색
누름 못 수(개)	4	3	3

12

사용하는 계절	여름	겨울
번호	②, ④, ⑥	①, ③, ⑤

13 6, 4, 2　　　　　**14** 연예인

15 의사　　　　　　**16** 7, 5, 4

17 오렌지주스　　　　**18** 예 오렌지주스

19 풀이 참조　　　　**20** 풀이 참조

미래 직업을 알아봐요!

디지털 재단사

6 곱셈

116쪽 교과서 개념 ①

1 (1) 6, 7, 8 / 8

(2) 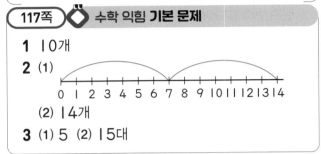 / 8

(3) 2, 8

117쪽 수학 익힘 기본 문제

1 10개

2 (1)

```
0 1 2 3 4 5 6 7 8 9 10 11 12 13 14
```

(2) 14개

3 (1) 5 (2) 15대

---

1 🖊🖊🖊🖊🖊🖊🖊🖊🖊🖊
   ① ② ③ ④ ⑤ ⑥ ⑦ ⑧ ⑨ ⑩

연필로 /으로 표시하며 하나씩 세어 보면 지우 개는 모두 10개입니다.

2 (2) 7씩 뛰어 세면 7, 14이므로 액자는 모두 14개입니다.

3 3대씩 묶어 세면 5묶음이므로 자동차는 모두 15대입니다.

118쪽 교과서 개념 ②

1 (1) 3, 15 (2) 5, 12, 15 (3) 15개

2 (1) 3, 2 (2) 12개

119쪽 수학 익힘 기본 문제

1 (1) 5, 8, 10 (2) 10개

2 (1) 4묶음 (2) 20마리

3 (1) 4묶음 (2) 6묶음 (3) 24마리

---

1 (2) 2씩 5묶음이므로 2-4-6-8-10입니다.
   ⇨ 감자는 모두 10개입니다.

2 (2) 5씩 4묶음이므로 5-10-15-20입니다.
   ⇨ 개구리는 모두 20마리입니다.

3 (1) 6씩 4묶음 ⇨ 6-12-18-24
   (2) 4씩 6묶음 ⇨ 4-8-12-16-20-24

120쪽 교과서 개념 ③

1 2 / 3

2 (1) 예 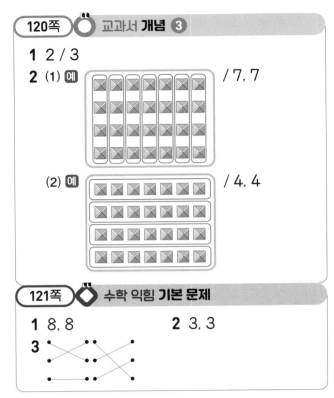 / 7, 7

   (2) 예 / 4, 4

121쪽 수학 익힘 기본 문제

1 8, 8   **2** 3, 3

3

---

3 • 잎 12장 ⇨ 3씩 4묶음 ⇨ 3의 4배
   • 공깃돌 8개 ⇨ 4씩 2묶음 ⇨ 4의 2배
   • 단추 15개 ⇨ 5씩 3묶음 ⇨ 5의 3배

122쪽 교과서 개념 ④

1 (1) 3 / 3

   (2)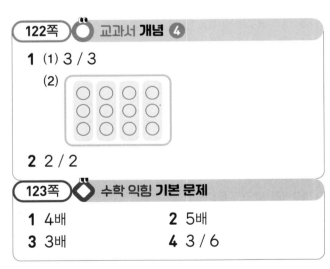

2 2 / 2

123쪽 수학 익힘 기본 문제

1 4배   **2** 5배

3 3배   **4** 3 / 6

---

1 시우가 가진 사과는 2씩 1묶음이고, 지효가 가 진 사과는 2씩 4묶음입니다.
   ⇨ 지효가 가진 사과의 수는 시우가 가진 사과 의 수의 4배입니다.

2 파란색 막대 길이는 빨간색 막대를 5번 이어 붙 인 것과 같습니다.
   따라서 파란색 막대 길이는 빨간색 막대 길이의 5배입니다.

3 4씩 3묶음이므로 소희는 경수의 3배만큼 책을 읽었습니다.

4 • 18은 6씩 3묶음이므로 6의 3배로 나타낼 수 있습니다.
  • 18은 3씩 6묶음이므로 3의 6배로 나타낼 수 있습니다.

124~125쪽 교과서 개념 확인 ✚ 수학 익힘 실력 문제

3

1

0 1 2 3 4 5 6 7 8 9 10 11 12
/ 12개

2 14, 21 / 21개	**3** 5, 5
4 9, 4, 9, 4	**5** 5, 6, 30
6 정희	**7** 7, 5 / 5, 7
8 2, 4	

1 4씩 뛰어 세면 4, 8, 12이므로 12개입니다.

2 7씩 3묶음 ⇨ 7−14−21 ⇨ 21개

4 사탕이 한 상자에 9개씩 4상자 있습니다.
  ⇨ 9씩 4묶음 ⇨ 9의 4배

5 • 6씩 5묶음: 6−12−18−24−30 ⇨ 30개
  • 5씩 6묶음: 5−10−15−20−25−30
  　　　　　　⇨ 30개

6 정희: 공의 수는 9개씩 2묶음에 낱개 6개로 나타낼 수 있습니다.

7 • 35는 7씩 5묶음이므로 7의 5배로 나타낼 수 있습니다.
  • 35는 5씩 7묶음이므로 5의 7배로 나타낼 수 있습니다.

8 다희가 쌓은 연결 모형은 2씩 1묶음입니다.
  • 은정이가 쌓은 연결 모형은 2씩 2묶음이므로 2의 2배입니다.
  • 희수가 쌓은 연결 모형은 2씩 4묶음이므로 2의 4배입니다.

126쪽 교과서 **개념 ⑤**

1 5, 5
2 12, 3, 12

127쪽 수학 익힘 **기본 문제**

1 (1) 6 (2) 6, 6	**2** 9, 2
3 7, 9, 63	**4** 32 / 4, 32

2 $\underbrace{9+9}_{2번}$ ⇨ $9×2$

4 8씩 4묶음 ⇨ $\underbrace{8+8+8+8}_{4번}$ ⇨ $8×4=32$

128쪽 교과서 **개념 ⑥**

1 (1) 2 / 8, 16 / 2, 16
  (2) 4, 4, 16 / 8, 8, 16
  (3) 16개

129쪽 수학 익힘 **기본 문제**

1 4 / 5, 5, 5, 20 / 4, 20
2 3, 7, 3, 7, 21
3 6, 6, 12 / 2, 2, 12

3 • 2의 6배 ⇨ $2×6=12$
  • 6의 2배 ⇨ $6×2=12$

130~131쪽 교과서 개념 확인 ✚ 수학 익힘 실력 문제

곱

1 3, 6, 3
2 $4+4+4+4=16$ / $4×4=16$
3 ③　　　　　　　　**4**
5 2, 7 / 2, 7, 14
6 $4+4+4+4+4+4=24$ /
  $4×6=24$ / 24개
7 승우　　　　**8** 9, 5 / 5, 9
9 2, 3, 6

2 4개씩 4묶음이므로 4의 4배입니다.
⇨ 4+4+4+4=16
⇨ 4×4=16

3 5씩 4묶음 ⇨ 5의 4배
⇨ 5+5+5+5 ⇨ 5×4

4 ·8의 7배 ⇨ 8×7
·9+9+9 ⇨ 9의 3배 ⇨ 9×3
·7의 6배 ⇨ 7×6

5 2씩 7묶음 ⇨ 2의 7배 ⇨ 2×7=14

7 승우: 7+7+7+7 ⇨ 7×4

8 ·9씩 5묶음 ⇨ 9×5=45
·5씩 9묶음 ⇨ 5×9=45

9 준서가 하루에 동화책 2권을 읽은 날은 월요일, 수요일, 목요일로 3일입니다.
따라서 준서가 읽은 동화책의 수를 곱셈식으로 나타내면 2×3=6입니다.

132~134쪽 단원 마무리

💬 서술형 문제는 풀이를 꼭 확인하세요!

1 9개

2 ⌒⌒⌒⌒⌒ / 10개
0 1 2 3 4 5 6 7 8 9 10

3 2 / 10개   **4** ( )(○)
5 7, 7, 28   **6** 4, 28
7 6×9=54   **8**
9 9, 18   **10** 6, 18
11 8, 6, 48   **12** ㉡
13 2배   **14** 3배
15 5×3=15 / 5×4=20
16 4, 3 / 4, 3, 12   **17** 7, 3 / 3, 7
18 4, 2, 8   💬**19** 3배
💬**20** 12장

2 2씩 뛰어 세면 2, 4, 6, 8, 10이므로 모두 10개입니다.

3 5개씩 묶어 세면 5-10이므로 모두 10개입니다.

6 7+7+7+7=28 ⇨ 7×4=28

8 ·꽃 6송이 ⇨ 3씩 2묶음 ⇨ 3의 2배
·과자 4개 ⇨ 2씩 2묶음 ⇨ 2의 2배

9 2씩 묶으면 9묶음입니다.
⇨ 2-4-6-8-10-12-14-16-18

10 3씩 묶으면 6묶음입니다.
⇨ 3-6-9-12-15-18

11 8을 6번 더한 것은 8의 6배입니다.
⇨ 8×6=48

12 9의 4배 ⇨ 9+9+9+9 ⇨ 9×4

13 노란색 막대 길이는 초록색 막대를 2번 이어 붙인 것과 같습니다.
따라서 노란색 막대 길이는 초록색 막대 길이의 2배입니다.

14 사탕은 6씩 1묶음이고, 과자는 6씩 3묶음입니다.
따라서 과자의 수는 사탕의 수의 3배입니다.

15 ·5의 3배 ⇨ 5×3=15
·5의 4배 ⇨ 5×4=20

16 4씩 3묶음 ⇨ 4의 3배
⇨ 4+4+4=12 ⇨ 4×3=12

17 ·7씩 3묶음 ⇨ 7×3=21
·3씩 7묶음 ⇨ 3×7=21

18 서우가 쓰레기 4개 줍기를 한 날은 화요일, 수요일로 2일입니다.
⇨ 서우가 주운 쓰레기의 수를 곱셈식으로 나타내면 4×2=8입니다.

💬**19** ❶ 예 사탕의 수는 9씩 3묶음입니다.
❷ 예 9씩 3묶음이므로 9의 3배입니다.

채점 기준	
❶ 사탕의 수는 몇씩 몇 묶음인지 구하기	2점
❷ 사탕의 수는 9의 몇 배인지 구하기	3점

💬**20** ❶ 예 딱지의 수는 3장씩 4상자이므로 3의 4배입니다.
❷ 예 준수가 가지고 있는 딱지는 모두 3×4=12(장)입니다.

채점 기준	
❶ 딱지의 수는 몇의 몇 배인지 구하기	2점
❷ 준수가 가지고 있는 딱지의 수 구하기	3점

Basic Book 정답

1. 세 자리 수

2쪽 **1** 백을 알아볼까요

1 100   **2** 100   **3** 10
4 1   **5** 100   **6** 20
7 5   **8** 100   **9** 40
10 10

3쪽 **2** 몇백을 알아볼까요

1 300   **2** 400   **3** 600
4 800   **5** 이백   **6** 오백
7 육백   **8** 구백   **9** 400
10 700   **11** 800   **12** 300

4쪽 **3** 세 자리 수를 알아볼까요

1 385   **2** 572   **3** 409
4 628   **5** 사백육십삼   **6** 오백팔
7 이백십칠   **8** 구백육십   **9** 254
10 315   **11** 609   **12** 710

5쪽 **4** 각 자리의 숫자는 얼마를 나타낼까요

1 2, 5, 6   **2** 9, 2, 8   **3** 8, 0, 1
4 7, 3, 0   **5** 100   **6** 1
7 90   **8** 2   **9** 50
10 6   **11** 700   **12** 0

6쪽 **5** 뛰어 세어 볼까요

1 620, 720, 820   **2** 669, 869, 969
3 558, 568, 578   **4** 714, 734, 754
5 454, 455, 456   **6** 998, 999, 1000
7 208, 211, 212   **8** 635, 638, 639

7쪽 **6** 수의 크기를 비교해 볼까요

1 >   **2** <   **3** <
4 >   **5** <   **6** >
7 <   **8** <   **9** >
10 >   **11** <   **12** <
13 >   **14** >   **15** <
16 >

2. 여러 가지 도형

8쪽 **1** △을 알아보고 찾아볼까요

1 ○   **2** ✕   **3** ○
4 ○   **5** ✕   **6** ✕
7 ✕   **8** ○   **9** ✕
10 ✕   **11** ○   **12** ✕

9쪽 **2** □을 알아보고 찾아볼까요

1 ✕   **2** ○   **3** ✕
4 ✕   **5** ○   **6** ✕
7 ○   **8** ✕   **9** ○
10 ✕   **11** ○   **12** ✕

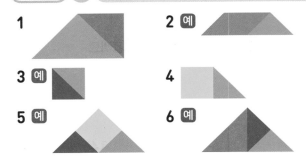
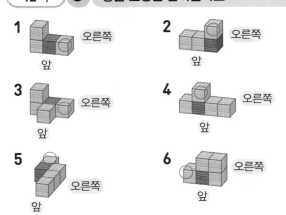

10쪽 3 ○을 알아보고 찾아볼까요

1 ○	**2** ×	**3** ×
4 ×	**5** ○	**6** ○
7 ×	**8** ○	**9** ×
10 ×	**11** ○	**12** ×

11쪽 4 칠교판으로 모양을 만들어 볼까요

1

2 예

3 예

4

5 예

6 예

12쪽 5 쌓은 모양을 알아볼까요

1 오른쪽 / 앞

2 오른쪽 / 앞

3 오른쪽 / 앞

4 오른쪽 / 앞

5 오른쪽 / 앞

6 오른쪽 / 앞

13쪽 6 여러 가지 모양으로 쌓아 볼까요

1 (○)( )	**2** ( )(○)
3 ( )(○)	**4** (○)( )
5 (○)( )	**6** ( )(○)

3. 덧셈과 뺄셈

14쪽 1 일의 자리에서 받아올림이 있는
(두 자리 수)＋(한 자리 수)를 계산하는
여러 가지 방법을 알아볼까요

1 26	**2** 53	**3** 85
4 62	**5** 95	**6** 33
7 73	**8** 65	**9** 72
10 84	**11** 43	**12** 50
13 71	**14** 91	

15쪽 2 일의 자리에서 받아올림이 있는
(두 자리 수)＋(두 자리 수)를 계산하는
여러 가지 방법을 알아볼까요

1 52	**2** 75	**3** 95
4 71	**5** 84	**6** 94
7 62	**8** 50	**9** 84
10 70	**11** 71	**12** 93

16쪽 3 십의 자리에서 받아올림이 있는
(두 자리 수)＋(두 자리 수)를 계산해
볼까요

1 125	**2** 157	**3** 110
4 111	**5** 109	**6** 162
7 109	**8** 139	**9** 145
10 121	**11** 153	**12** 163

17쪽 4 받아내림이 있는
(두 자리 수)−(한 자리 수)를 계산하는
여러 가지 방법을 알아볼까요

1 18	**2** 49	**3** 62
4 57	**5** 43	**6** 79
7 88	**8** 25	**9** 58
10 75	**11** 47	**12** 14
13 38	**14** 89	

18쪽 **5** 받아내림이 있는 (몇십)−(몇십몇)을 계산하는 여러 가지 방법을 알아볼까요

1 16	**2** 49	**3** 42
4 25	**5** 18	**6** 54
7 17	**8** 13	**9** 65
10 31	**11** 58	**12** 32

19쪽 **6** 받아내림이 있는 (두 자리 수)−(두 자리 수)를 계산해 볼까요

1 15	**2** 16	**3** 59
4 39	**5** 46	**6** 28
7 48	**8** 36	**9** 14
10 25	**11** 18	**12** 38

20쪽 **7** 세 수의 계산을 해 볼까요

1 (계산 순서대로) 61, 46, 46
2 (계산 순서대로) 51, 24, 24
3 (계산 순서대로) 72, 34, 34
4 (계산 순서대로) 49, 70, 70
5 (계산 순서대로) 14, 43, 43

6 18	**7** 45	**8** 26
9 92	**10** 95	

21쪽 **8** 덧셈과 뺄셈의 관계를 식으로 나타내 볼까요

1 45, 8 / 45, 8
2 92, 56 / 92, 56
3 61, 24, 37 / 61, 37, 24
4 82, 43, 39 / 82, 39, 43
5 25, 32 / 25, 32
6 54, 80 / 54, 80
7 44, 19, 63 / 19, 44, 63
8 18, 57, 75 / 57, 18, 75

22쪽 **9** □가 사용된 덧셈식을 만들고 □의 값을 구해 볼까요

1 예 18+□=26 / 8
2 예 23+□=52 / 29
3 예 □+16=40 / 24
4 예 □+29=61 / 32

5 7	**6** 25	**7** 48
8 14	**9** 37	

23쪽 **10** □가 사용된 뺄셈식을 만들고 □의 값을 구해 볼까요

1 예 30−□=11 / 19
2 예 45−□=29 / 16

3 51 / 51	**4** 55 / 55	**5** 9
6 17	**7** 53	**8** 72
9 84		

4. 길이 재기

24쪽 **1** 길이를 비교하는 방법을 알아볼까요

1 ㉠	**2** ㉠
3 ㉡	**4** 나
5 가	**6** 가
7 나	

25쪽 **2** 여러 가지 단위로 길이를 재어 볼까요

1 (○)( )	**2** ( )(○)
3 ( )(○)	**4** (○)( )
5 (○)( )	**6** 7번
7 3번	**8** 6번
9 4번	**10** 2번

26쪽 **3** **Ⅰcm를 알아볼까요**

1 3, 3 cm **2** 5, 5 cm

3 7, 7 cm **4** 4, 4 cm

5 예 ├──┼──┼──┼──┼──┼──┤

6 예 ├──┼──┼──┼──┼──┼──┤

7 예 ├──┼──┼──┼──┼──┼──┤

8 예 ├──┼──┼──┼──┼──┼──┤

27쪽 **4** **자로 길이를 재는 방법을 알아볼까요**

1 3 cm **2** Ⅰ cm

3 6 cm **4** 4 cm

5 2 cm **6** 4 cm

7 5 cm **8** 3 cm

9 6 cm **10** 7 cm

28쪽 **5** **자로 길이를 재어 볼까요**

1 4 cm **2** 7 cm

3 6 cm **4** 4 cm

5 2 cm **6** 2 cm

7 5 cm **8** 7 cm

9 4 cm **10** 3 cm

29쪽 **6** **길이를 어림하고 어떻게 어림했는지 말해 볼까요**

1 예 2 / 2 **2** 예 4 / 4

3 예 7 / 7 **4** 예 3 / 3

5 예 ├─────────────

6 예 ├─────────────

7 예 ├─────────────

8 예 ├─────────────

5. 분류하기

30쪽 **1** **분류는 어떻게 할까요**

1 (○)   **2** ( )   **3** ( )
   ( )   ( )   (○)
   ( )   (○)   ( )

31쪽 **2** **정해진 기준에 따라 분류해 볼까요**

1 ① / ②, ④ / ③, ⑤

2 ②, ⑤, ⑥ / ③ / ①, ④

3 ①, ③, ⑦ / ②, ⑤, ⑧ / ④, ⑥

32쪽 **3** **자신이 정한 기준에 따라 분류해 볼까요**

1 예 색깔 / 예 모양

2 예 색깔 /

빨간색	노란색	초록색
①, ⑥, ⑨, ⑫	②, ④, ⑧, ⑪	③, ⑤, ⑦, ⑩

3 예 모양 /

□	♡	△
①, ⑤, ⑥, ⑧	②, ④, ⑩, ⑪	③, ⑦, ⑨, ⑫

33쪽 **4** **분류하고 세어 볼까요**

1 2, 6, 4 **2** 4, 3, 5

3 9, 6, 5 **4** 6, 7, 7

5 9, 4, 7

34쪽 **5** **분류한 결과를 말해 볼까요**

1 6, 2, 4 **2** 초콜릿 맛

3 딸기 맛 **4** 5, 7, 4

5 자동차 **6** 예 자동차

6. 곱셈

35쪽 **1** 여러 가지 방법으로 세어 볼까요

1 8

2

(수직선: 0 1 2 3 4 5 6 7 8, 2씩 4번 뛰어 세기)

3 8 **4** 8개

5 9

6
(수직선: 0 1 2 3 4 5 6 7 8 9, 3씩 3번 뛰어 세기)

7 9 **8** 9개

36쪽 **2** 묶어 세어 볼까요

1 16 **2** 16
3 16 **4** 16개
5 12 **6** 12
7 12 **8** 12통

37쪽 **3** 몇의 몇 배를 알아볼까요

1 6, 6 **2** 5, 5
3 6, 6 **4** 3, 3
5 4, 4 **6** 5, 5

38쪽 **4** 몇의 몇 배로 나타내 볼까요

1 4배 **2** 7배
3 5배 **4** 6배
5 3배 **6** 4배
7 2배 **8** 2배

39쪽 **5** 곱셈을 알아볼까요

1 2 **2** 3
3 4 **4** 5
5 6 **6** 4

40쪽 **6** 곱셈식으로 나타내 볼까요

1 2, 14 **2** 4, 16
3 3, 18 **4** 4, 32
5 6, 24 **6** 4, 20

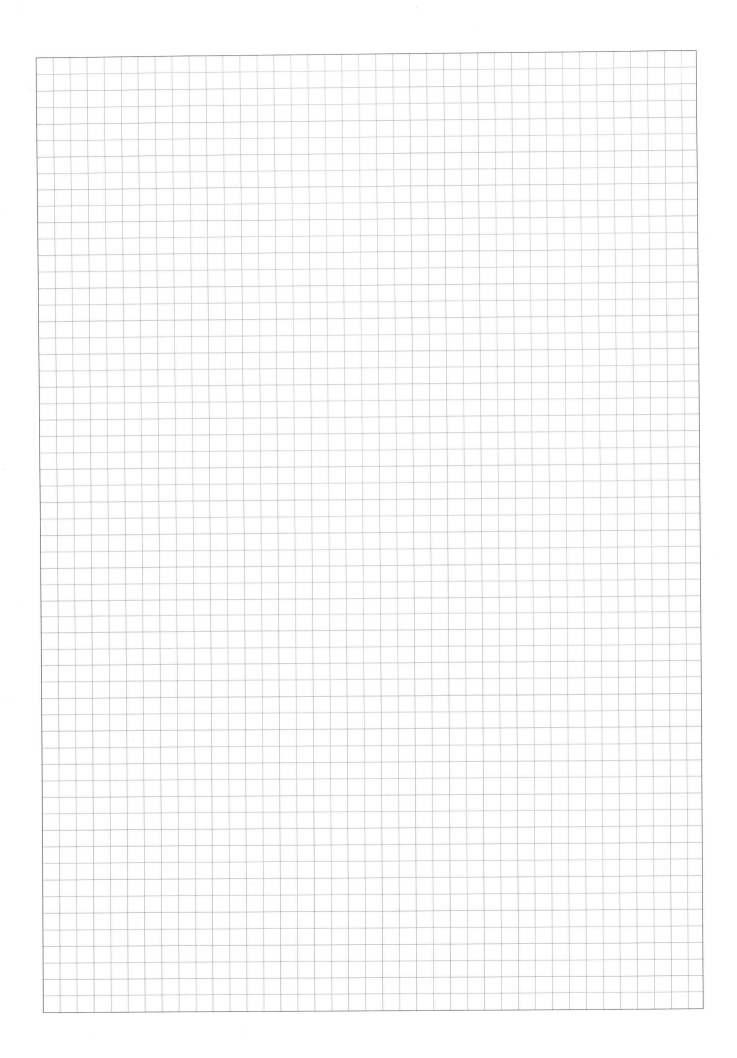

맘앤톡 카페에 가입하고 **초중고 자녀 정보**를 확인해 보세요.

Mom&Talk

❶ 교재추천
❷ 전문가 TIP
❸ 초중고 교육정보
❹ 부모공감 인스타툰
❺ 경품 가득 이벤트

교과서
개념
잡기

교과서 내용을 쉽고 빠르게 학습하여 개념을 꽉! 잡아줍니다.

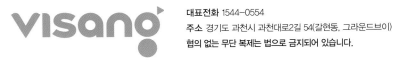

대표전화 1544-0554
주소 경기도 과천시 과천대로2길 54(갈현동, 그라운드브이)

2022 개정 교육과정

교과서 개념 잡기

Basic Book

초등 수학 2·1

visang

ABOVE IMAGINATION

우리는 남다른 상상과 혁신으로
교육 문화의 새로운 전형을 만들어
모든 이의 행복한 경험과 성장에 기여한다

교과서 개념 잡기

Basic Book

초등 수학

2·1

① 백을 알아볼까요

🔍 수 모형을 보고 ☐ 안에 알맞은 수를 써넣으세요. [1~4]

1

90보다 10만큼 더 큰 수는 ☐

입니다.

2

10이 10개이면 ☐ 입니다.

3

10이 9개, 1이 ☐ 개이면 100

입니다.

4

100이 ☐ 개이면 100입니다.

🔍 ☐ 안에 알맞은 수를 써넣으세요.

[5~10]

5 99보다 1만큼 더 큰 수는 ☐

입니다.

6 100은 80보다 ☐ 만큼 더 큰

수입니다.

7 100은 95보다 ☐ 만큼 더 큰 수

입니다.

8 70보다 30만큼 더 큰 수는 ☐

입니다.

9 100은 60보다 ☐ 만큼 더 큰

수입니다.

10 100은 90보다 ☐ 만큼 더 큰

수입니다.

2 몇백을 알아볼까요

▶ 정답과 풀이 23쪽

1

세 자리 수

🔍 수 모형을 보고 ☐ 안에 알맞은 수를 써넣으세요. [1~4]

1

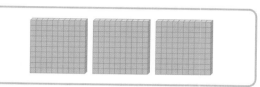

100이 3개이면 ☐ 입니다.

2

100이 4개이면 ☐ 입니다.

3

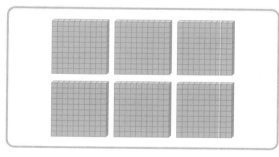

100이 6개이면 ☐ 입니다.

4

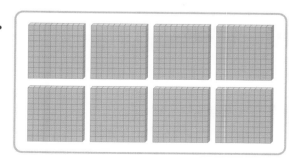

100이 8개이면 ☐ 입니다.

🔍 수를 바르게 읽은 것에 ◯표 하세요. [5~8]

5 200 (이백 , 사백)

6 500 (오백 , 팔백)

7 600 (삼백 , 육백)

8 900 (칠백 , 구백)

🔍 수로 써 보세요. [9~12]

9 사백 ⇨ ( )

10 칠백 ⇨ ( )

11 팔백 ⇨ ( )

12 삼백 ⇨ ( )

3 세 자리 수를 알아볼까요

🔍 ⬚ 안에 알맞은 수를 써넣으세요. [1~4]

1 100이 3개 ⎤
　　 10이 8개 ⎬이면 ⬚
　　 1이 5개 ⎦

2 100이 5개 ⎤
　　 10이 7개 ⎬이면 ⬚
　　 1이 2개 ⎦

3 100이 4개 ⎤
　　 10이 0개 ⎬이면 ⬚
　　 1이 9개 ⎦

4 100이 6개 ⎤
　　 10이 2개 ⎬이면 ⬚
　　 1이 8개 ⎦

🔍 수를 바르게 읽은 것에 ◯표 하세요. [5~8]

5 463

(사백육십삼 , 사백삼십육)

6 508

(오백영팔 , 오백팔)

7 217

(이백십칠 , 이백이십칠)

8 960

(구백십육 , 구백육십)

🔍 수로 써 보세요. [9~12]

9 이백오십사 ⇨ (　　　　)

10 삼백십오 ⇨ (　　　　)

11 육백구 ⇨ (　　　　)

12 칠백십 ⇨ (　　　　)

4 **각 자리의 숫자는 얼마를 나타낼까요**

▶ 정답과 풀이 23쪽

🔍 ☐ 안에 알맞은 수를 써넣으세요.

[1~4]

1

256의 ┌ 백의 자리 숫자는 ☐
      ├ 십의 자리 숫자는 ☐
      └ 일의 자리 숫자는 ☐

2

928의 ┌ 백의 자리 숫자는 ☐
      ├ 십의 자리 숫자는 ☐
      └ 일의 자리 숫자는 ☐

3

801의 ┌ 백의 자리 숫자는 ☐
      ├ 십의 자리 숫자는 ☐
      └ 일의 자리 숫자는 ☐

4

730의 ┌ 백의 자리 숫자는 ☐
      ├ 십의 자리 숫자는 ☐
      └ 일의 자리 숫자는 ☐

🔍 밑줄 친 숫자는 얼마를 나타내는지 써 보세요. [5~12]

5 178 ⇨ (   )

6 361 ⇨ (   )

7 594 ⇨ (   )

8 822 ⇨ (   )

9 250 ⇨ (   )

10 146 ⇨ (   )

11 763 ⇨ (   )

12 405 ⇨ (   )

5 뛰어 세어 볼까요

🔍 100씩 뛰어 세어 보세요. [1~2]

1

320	420	520

2

469	569	
769		

🔍 10씩 뛰어 세어 보세요. [3~4]

3

528	538	548

4

704		724
	744	

🔍 1씩 뛰어 세어 보세요. [5~8]

5

451	452	453

6

995	996	997

7

207		209
210		

8

	636	637
		640

▶ 정답과 풀이 **23**쪽

6 **수의 크기를 비교해 볼까요**

🔍 두 수의 크기를 비교하여 ◯ 안에 > 또는 < 를 알맞게 써넣으세요. [1~16]

1 452 ◯ 380

2 673 ◯ 674

3 735 ◯ 800

4 416 ◯ 397

5 863 ◯ 869

6 234 ◯ 152

7 743 ◯ 748

8 265 ◯ 465

9 563 ◯ 506

10 790 ◯ 749

11 305 ◯ 308

12 845 ◯ 854

13 684 ◯ 629

14 358 ◯ 327

15 554 ◯ 561

16 916 ◯ 914

1 △을 알아보고 찾아볼까요

삼각형이면 ◯표, 아니면 ✕표 하세요. [1~12]

1 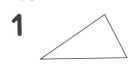 (   )

2 (   )

3 (   )

4 (   )

5 (   )

6 (   )

7  (   )

8  (   )

9 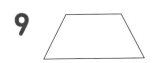 (   )

10 (   )

11 (   )

12  (   )

▶ 정답과 풀이 23쪽

2 □을 알아보고 찾아볼까요

🔍 사각형이면 ◯표, 아니면 ✕표 하세요. [1~12]

1 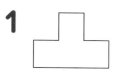   (   )

2    (   )

3   (   )

4   (   )

5   (   )

6   (   )

7    (   )

8    (   )

9 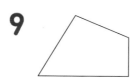   (   )

10    (   )

11    (   )

12    (   )

3 ◯을 알아보고 찾아볼까요

🔍 원이면 ◯표, 아니면 ✕표 하세요. [1~12]

1

(   )

2

(   )

3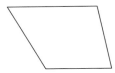

(   )

4

(   )

5

(   )

6 (   )

7

(   )

8

(   )

9

(   )

10

(   )

11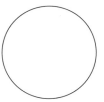

(   )

12

(   )

▶ 정답과 풀이 **24**쪽

④ 칠교판으로 모양을 만들어 볼까요

🔍 칠교 조각을 모두 이용하여 모양을 만들어 보세요. [1~6] 활동지

1

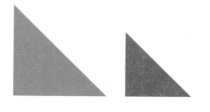

4

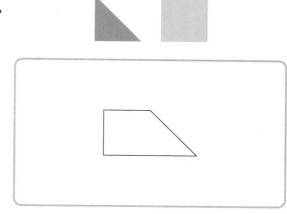

2

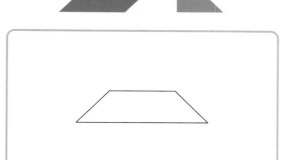

5

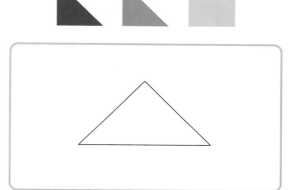

3

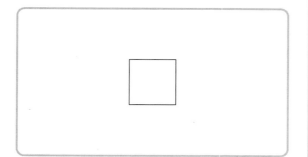

6

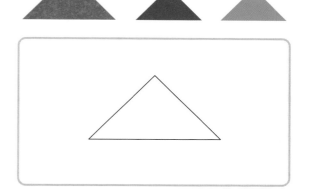

5 쌓은 모양을 알아볼까요

🔍 설명하는 쌓기나무에 ◯표 하세요. [1~6]

1 빨간색 쌓기나무의 오른쪽에 있는 쌓기나무

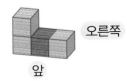

2 빨간색 쌓기나무의 위에 있는 쌓기나무

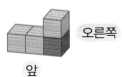

3 빨간색 쌓기나무의 오른쪽에 있는 쌓기나무

4 빨간색 쌓기나무의 위에 있는 쌓기나무

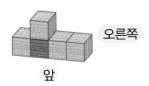

5 빨간색 쌓기나무의 뒤에 있는 쌓기나무

6 빨간색 쌓기나무의 왼쪽에 있는 쌓기나무

6 여러 가지 모양으로 쌓아 볼까요

▶ 정답과 풀이 24쪽

🔍 설명하는 쌓기나무에 ◯표 하세요. [1~6]

1 쌓기나무 3개가 옆으로 나란히 있는 모양

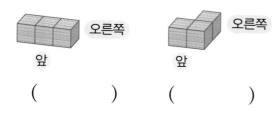

앞 오른쪽
( )　　앞 오른쪽
( )

2 쌓기나무 2개가 1층에 옆으로 나란히 있고, 왼쪽 쌓기나무 위에 쌓기나무 1개가 있는 모양

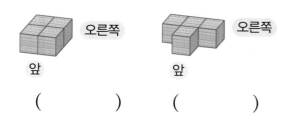

앞 오른쪽
( )　　앞 오른쪽
( )

3 쌓기나무 3개가 옆으로 나란히 있고, 가운데 쌓기나무 앞에 쌓기나무 1개가 있는 모양

앞 오른쪽
( )　　앞 오른쪽
( )

4 쌓기나무 3개가 1층에 옆으로 나란히 있고, 맨 왼쪽 쌓기나무 위에 쌓기나무 1개가 있는 모양

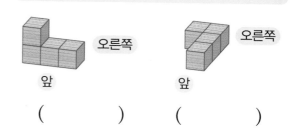

앞 오른쪽
( )　　앞 오른쪽
( )

5 쌓기나무 3개가 옆으로 나란히 있고, 맨 왼쪽 쌓기나무 앞에 쌓기나무 2개가 있는 모양

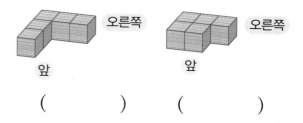

앞 오른쪽
( )　　앞 오른쪽
( )

6 쌓기나무 3개가 1층에 옆으로 나란히 있고, 맨 왼쪽 쌓기나무 위에 쌓기나무 2개가 있는 모양

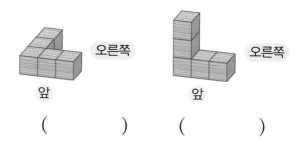

앞 오른쪽
( )　　앞 오른쪽
( )

1 일의 자리에서 받아올림이 있는
(두 자리 수)＋(한 자리 수)를 계산하는 여러 가지 방법을 알아볼까요

⊕ 덧셈을 해 보세요. [1~14]

1 $19+7=\boxed{}$

2 $48+5=\boxed{}$

3 $76+9=\boxed{}$

4 $57+5=\boxed{}$

5 $89+6=\boxed{}$

6 $25+8=\boxed{}$

7 $64+9=\boxed{}$

8 $58+7=\boxed{}$

9 $64+8=\boxed{}$

10 $77+7=\boxed{}$

11 $39+4=\boxed{}$

12 $47+3=\boxed{}$

13 $69+2=\boxed{}$

14 $83+8=\boxed{}$

▶ 정답과 풀이 **24**쪽

2 일의 자리에서 받아올림이 있는
(두 자리 수)＋(두 자리 수)를 계산하는 여러 가지 방법을 알아볼까요

➕ 덧셈을 해 보세요. [1~12]

1
$$\begin{array}{r} 1\ 7 \\ +\ 3\ 5 \\ \hline \end{array}$$

2
$$\begin{array}{r} 4\ 6 \\ +\ 2\ 9 \\ \hline \end{array}$$

3
$$\begin{array}{r} 5\ 8 \\ +\ 3\ 7 \\ \hline \end{array}$$

4
$$\begin{array}{r} 2\ 3 \\ +\ 4\ 8 \\ \hline \end{array}$$

5
$$\begin{array}{r} 1\ 9 \\ +\ 6\ 5 \\ \hline \end{array}$$

6
$$\begin{array}{r} 7\ 6 \\ +\ 1\ 8 \\ \hline \end{array}$$

7 $24+38=\boxed{}$

8 $31+19=\boxed{}$

9 $47+37=\boxed{}$

10 $54+16=\boxed{}$

11 $29+42=\boxed{}$

12 $15+78=\boxed{}$

3 십의 자리에서 받아올림이 있는 (두 자리 수)＋(두 자리 수)를 계산해 볼까요

➕ 덧셈을 해 보세요. [1~12]

1
$$
\begin{array}{r}
5\ 2 \\
+\ 7\ 3 \\
\hline
\end{array}
$$

2
$$
\begin{array}{r}
8\ 4 \\
+\ 7\ 3 \\
\hline
\end{array}
$$

3
$$
\begin{array}{r}
5\ 6 \\
+\ 5\ 4 \\
\hline
\end{array}
$$

4
$$
\begin{array}{r}
2\ 6 \\
+\ 8\ 5 \\
\hline
\end{array}
$$

5
$$
\begin{array}{r}
1\ 9 \\
+\ 9\ 0 \\
\hline
\end{array}
$$

6
$$
\begin{array}{r}
6\ 8 \\
+\ 9\ 4 \\
\hline
\end{array}
$$

7 $62+47=$

8 $91+48=$

9 $76+69=$

10 $38+83=$

11 $71+82=$

12 $88+75=$

▶ 정답과 풀이 **24**쪽

4 받아내림이 있는 (두 자리 수) − (한 자리 수)를 계산하는 여러 가지 방법을 알아볼까요

뺄셈을 해 보세요. [1~14]

1 26−8=☐

2 54−5=☐

3 71−9=☐

4 61−4=☐

5 50−7=☐

6 87−8=☐

7 94−6=☐

8 33−8=☐

9 65−7=☐

10 80−5=☐

11 56−9=☐

12 22−8=☐

13 41−3=☐

14 98−9=☐

5 받아내림이 있는 (몇십) − (몇십몇)을 계산하는
여러 가지 방법을 알아볼까요

➕ 뺄셈을 해 보세요. [1~12]

1
$$\begin{array}{r} 3\ 0 \\ -\ 1\ 4 \\ \hline \square \end{array}$$

2
$$\begin{array}{r} 7\ 0 \\ -\ 2\ 1 \\ \hline \square \end{array}$$

3
$$\begin{array}{r} 6\ 0 \\ -\ 1\ 8 \\ \hline \square \end{array}$$

4
$$\begin{array}{r} 4\ 0 \\ -\ 1\ 5 \\ \hline \square \end{array}$$

5
$$\begin{array}{r} 5\ 0 \\ -\ 3\ 2 \\ \hline \square \end{array}$$

6
$$\begin{array}{r} 8\ 0 \\ -\ 2\ 6 \\ \hline \square \end{array}$$

7 $50 - 33 = \square$

8 $30 - 17 = \square$

9 $90 - 25 = \square$

10 $60 - 29 = \square$

11 $80 - 22 = \square$

12 $70 - 38 = \square$

▶ 정답과 풀이 25쪽

6 **받아내림이 있는 (두 자리 수) − (두 자리 수)를 계산해 볼까요**

➕ 뺄셈을 해 보세요. [1~12]

1
$$\begin{array}{r} 3\ 2 \\ -\ 1\ 7 \\ \hline \end{array}$$

2
$$\begin{array}{r} 7\ 4 \\ -\ 5\ 8 \\ \hline \end{array}$$

3
$$\begin{array}{r} 9\ 3 \\ -\ 3\ 4 \\ \hline \end{array}$$

4
$$\begin{array}{r} 5\ 5 \\ -\ 1\ 6 \\ \hline \end{array}$$

5
$$\begin{array}{r} 8\ 1 \\ -\ 3\ 5 \\ \hline \end{array}$$

6
$$\begin{array}{r} 4\ 7 \\ -\ 1\ 9 \\ \hline \end{array}$$

7 $61-13=\boxed{}$

8 $53-17=\boxed{}$

9 $43-29=\boxed{}$

10 $71-46=\boxed{}$

11 $54-36=\boxed{}$

12 $96-58=\boxed{}$

7 세 수의 계산을 해 볼까요

🔍 계산해 보세요. [1~10]

1 24+37-15= ☐

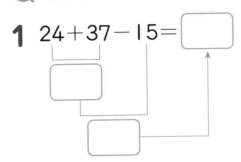

2 35+16-27= ☐

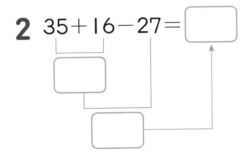

3 19+53-38= ☐

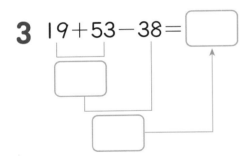

4 77-28+21= ☐

5 62-48+29= ☐

6 17+9-8= ☐

7 46+14-15= ☐

8 73+12-59= ☐

9 60-4+36= ☐

10 54-16+57= ☐

▶ 정답과 풀이 25쪽

8 덧셈과 뺄셈의 관계를 식으로 나타내 볼까요

🔍 덧셈식을 뺄셈식으로 나타내 보세요.

[1~4]

1
$$37+8=45$$

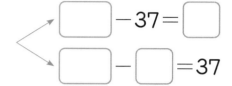

$$\boxed{}-37=\boxed{}$$
$$\boxed{}-\boxed{}=37$$

2
$$36+56=92$$

$$\boxed{}-36=\boxed{}$$
$$\boxed{}-\boxed{}=36$$

3
$$24+37=61$$

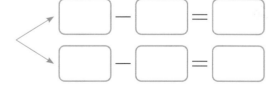

$$\boxed{}-\boxed{}=\boxed{}$$
$$\boxed{}-\boxed{}=\boxed{}$$

4
$$43+39=82$$

$$\boxed{}-\boxed{}=\boxed{}$$
$$\boxed{}-\boxed{}=\boxed{}$$

🔍 뺄셈식을 덧셈식으로 나타내 보세요.

[5~8]

5
$$32-25=7$$

$$\boxed{}+7=\boxed{}$$
$$7+\boxed{}=\boxed{}$$

6
$$80-54=26$$

$$\boxed{}+26=\boxed{}$$
$$26+\boxed{}=\boxed{}$$

7
$$63-44=19$$

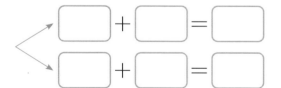

$$\boxed{}+\boxed{}=\boxed{}$$
$$\boxed{}+\boxed{}=\boxed{}$$

8
$$75-18=57$$

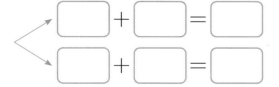

$$\boxed{}+\boxed{}=\boxed{}$$
$$\boxed{}+\boxed{}=\boxed{}$$

9 □가 사용된 덧셈식을 만들고 □의 값을 구해 볼까요

□를 사용하여 그림에 알맞은 덧셈식을 만들고, □의 값을 구해 보세요. [1~4]

1

18	□

26

덧셈식 _____

□의 값 _____

2

23	□

52

덧셈식 _____

□의 값 _____

3

□	16

40

덧셈식 _____

□의 값 _____

4

□	29

61

덧셈식 _____

□의 값 _____

□ 안에 알맞은 수를 써넣으세요. [5~9]

5 $15 + \boxed{} = 22$

6 $58 + \boxed{} = 83$

7 $46 + \boxed{} = 94$

8 $\boxed{} + 27 = 41$

9 $\boxed{} + 38 = 75$

▶ 정답과 풀이 **25**쪽

10 □가 사용된 뺄셈식을 만들고 □의 값을 구해 볼까요

🔍 □를 사용하여 그림에 알맞은 뺄셈식을 만들고, □의 값을 구해 보세요. [1~2]

1

30	
□	11

뺄셈식 _____

□의 값 _____

2

45	
□	29

뺄셈식 _____

□의 값 _____

🔍 □ 안에 알맞은 수를 써넣으세요. [3~4]

3

36	15

$\boxed{}-36=15$

4

28	27

$\boxed{}-28=27$

🔍 □ 안에 알맞은 수를 써넣으세요. [5~9]

5 $28-\boxed{}=19$

6 $35-\boxed{}=18$

7 $90-\boxed{}=37$

8 $\boxed{}-39=33$

9 $\boxed{}-48=36$

1 길이를 비교하는 방법을 알아볼까요

🔍 길이를 비교하여 더 긴 쪽의 기호를 써 보세요. [1~3]

1

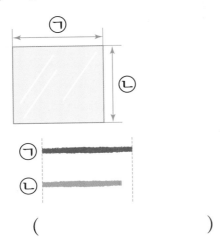

( )

2

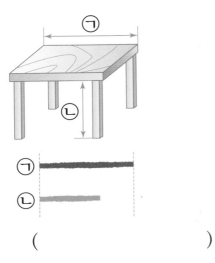

( )

3

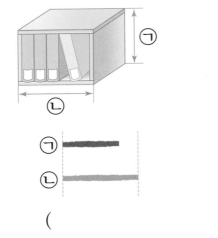

( )

🔍 길이를 비교하여 더 긴 쪽은 어느 것인지 써 보세요. [4~7] 활동지

4

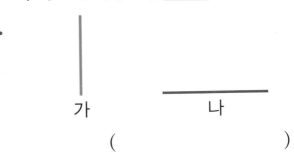

( )

5

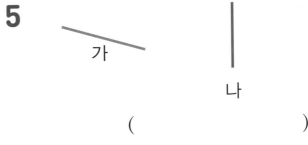

( )

6

( )

7

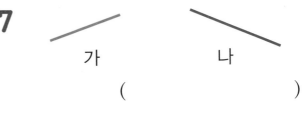

( )

▶ 정답과 풀이 **25**쪽

2 여러 가지 단위로 길이를 재어 볼까요

🔍 길이를 잴 때 사용되는 단위 중에서 더 긴 것에 ◯표 하세요. [1~5]

1

(   )   (   )

2

(   )   (   )

3

(   )   (   )

4

(   )   (   )

5

(   )   (   )

🔍 물건을 단위로 종이띠의 길이를 재어 보세요. [6~10]

6

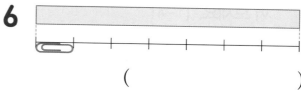

(   )

7

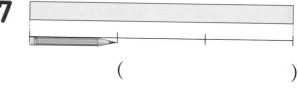

(   )

8

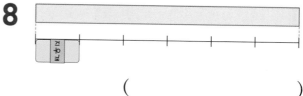

(   )

9

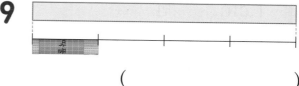

(   )

10

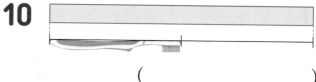

(   )

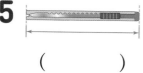

4

길이 재기

3 1 cm를 알아볼까요

🔍 |————|의 길이가 1 cm일 때, 종이띠의 길이는 1 cm가 몇 번인지 세고 길이를 써 보세요. [1~4]

1

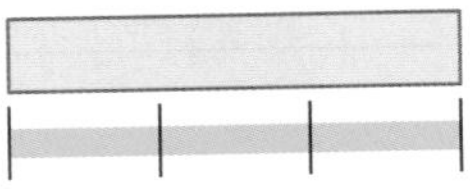

1 cm ☐번 ....

2

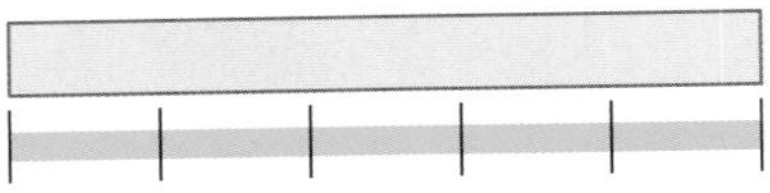

1 cm ☐번 ....

3

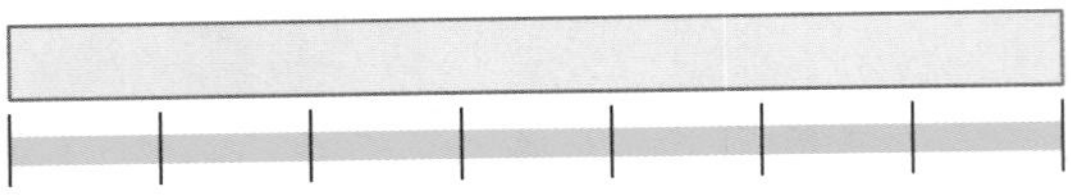

1 cm ☐번 ....

4

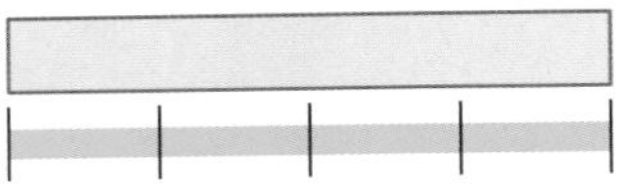

1 cm ☐번 ....

🔍 한 칸의 길이가 1 cm일 때, 주어진 길이만큼 점선을 따라 선을 그어 보세요.

[5~8]

5 2 cm

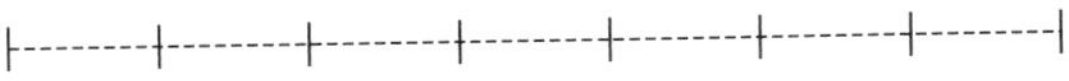

6 6 cm

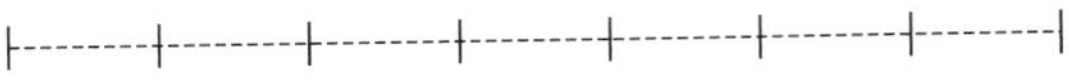

7 3 cm

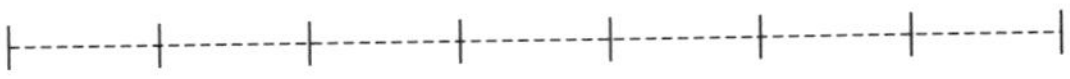

8 7 cm

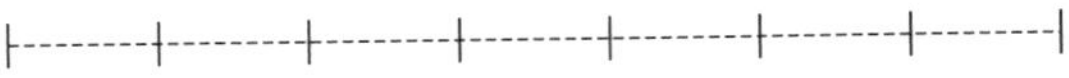

▶ 정답과 풀이 26쪽

4 자로 길이를 재는 방법을 알아볼까요

🔍 물건의 길이는 몇 cm인지 구해 보세요.
[1~5]

1

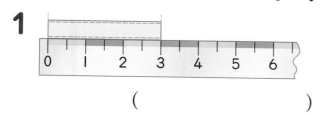

( )

2

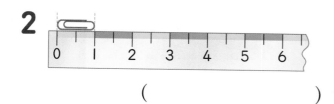

( )

3

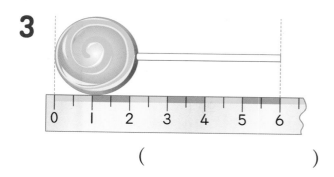

( )

4

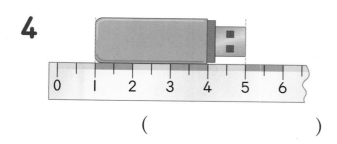

( )

5

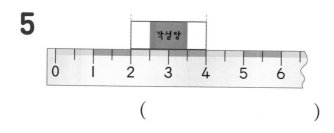

( )

🔍 선의 길이는 몇 cm인지 자로 재어 보세요. [6~10]

6

( )

7

( )

8

( )

9

( )

10

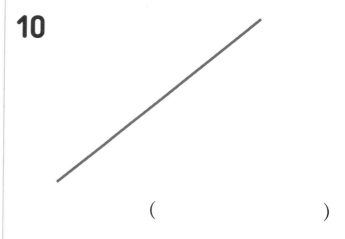

( )

4

길이 재기

5 자로 길이를 재어 볼까요

⊕ 물건의 길이는 약 몇 cm인지 구해 보세요. [1~5]

1
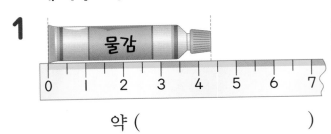
약 (   )

2
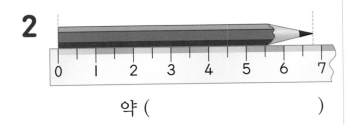
약 (   )

3

약 (   )

4
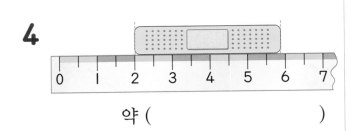
약 (   )

5
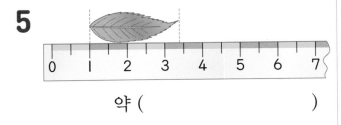
약 (   )

⊕ 막대의 길이는 약 몇 cm인지 자로 재어 보세요. [6~10]

6

약 (   )

7

약 (   )

8

약 (   )

9
약 (   )

10
약 (   )

▶ 정답과 풀이 26쪽

6 길이를 어림하고
어떻게 어림했는지 말해 볼까요

⊕ 색 테이프의 길이를 어림하고 자로 재어 확인해 보세요. [1~4]

1

어림한 길이	약 ☐ cm
자로 잰 길이	약 ☐ cm

2

어림한 길이	약 ☐ cm
자로 잰 길이	약 ☐ cm

3

어림한 길이	약 ☐ cm
자로 잰 길이	약 ☐ cm

4

어림한 길이	약 ☐ cm
자로 잰 길이	약 ☐ cm

⊕ 주어진 길이를 어림하여 점선을 따라 선을 그어 보세요. [5~8]

5 1 cm

6 5 cm

7 2 cm

8 6 cm

4
길이 재기

1 분류는 어떻게 할까요

🔍 분류 기준으로 알맞은 것을 찾아 ◯표 하세요. [1~3]

1

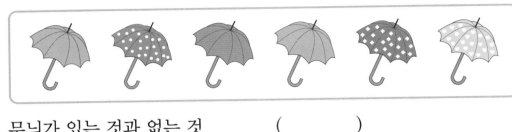

무늬가 있는 것과 없는 것 (   )
튼튼한 것과 튼튼하지 않은 것 (   )
비싼 것과 비싸지 않은 것 (   )

2

좋아하는 것과 좋아하지 않는 것 (   )
맛있는 것과 맛없는 것 (   )
막대가 있는 것과 없는 것 (   )

3

무서운 것과 무섭지 않은 것 (   )
날개가 있는 것과 없는 것 (   )
귀여운 것과 귀엽지 않은 것 (   )

▶ 정답과 풀이 **26**쪽

2 정해진 기준에 따라 분류해 볼까요

1 풍선을 색깔에 따라 분류하여 번호를 써 보세요.

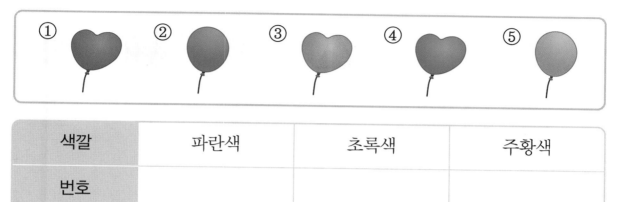

색깔	파란색	초록색	주황색
번호			

2 물건을 모양에 따라 분류하여 번호를 써 보세요.

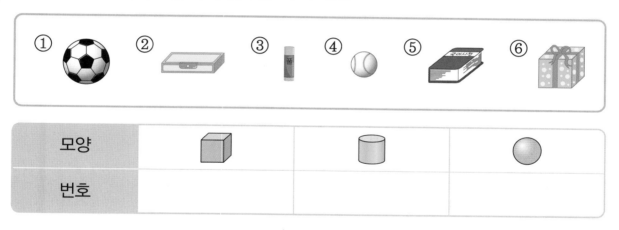

모양	⬛	⬢	⚪
번호			

3 음료수를 맛에 따라 분류하여 번호를 써 보세요.

맛	오렌지 맛	포도 맛	사과 맛
번호			

3 자신이 정한 기준에 따라 분류해 볼까요

🔍 붙임딱지를 분류하려고 합니다. 물음에 답하세요. [1~3]

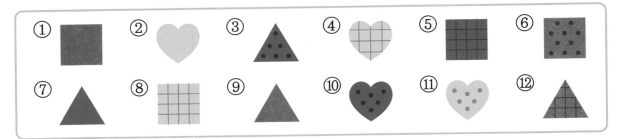

1 붙임딱지를 분류할 수 있는 기준을 써 보세요.

분류 기준 1 [ ]

분류 기준 2 [ ]

2 위 **1**의 기준 중 하나로 붙임딱지를 분류하여 번호를 써 보세요.

분류 기준 [ ]

3 위 **2**와 다른 기준으로 붙임딱지를 분류하여 번호를 써 보세요.

분류 기준 [ ]

▶ 정답과 풀이 26쪽

④ 분류하고 세어 볼까요

1 꽃을 종류에 따라 분류하고 그 수를 세어 보세요.

백합	장미	튤립	튤립
장미	백합	장미	튤립
장미	장미	튤립	장미

종류	백합	장미	튤립
꽃의 수(송이)			

2 학생들이 좋아하는 놀이를 조사하였습니다. 놀이를 종류에 따라 분류하고 그 수를 세어 보세요.

윷놀이	공기놀이	윷놀이	딱지치기
딱지치기	딱지치기	공기놀이	윷놀이
딱지치기	공기놀이	윷놀이	딱지치기

종류	윷놀이	공기놀이	딱지치기
학생 수(명)			

⊕ 단추를 주어진 기준에 따라 분류하고 그 수를 세어 보세요. [3~5]

3

분류 기준	모양

모양	○	□	♡
단추의 수(개)			

4

분류 기준	색깔

색깔	빨간색	파란색	노란색
단추의 수(개)			

5

분류 기준	구멍의 수

구멍의 수	2개	3개	4개
단추의 수(개)			

5 분류한 결과를 말해 볼까요

⊕ 지효네 반 학생들이 좋아하는 아이스크림을 조사하였습니다. 물음에 답하세요. [1~3]

초콜릿 맛	딸기 맛	초콜릿 맛	바닐라 맛
바닐라 맛	초콜릿 맛	초콜릿 맛	바닐라 맛
초콜릿 맛	바닐라 맛	딸기 맛	초콜릿 맛

1 아이스크림을 맛에 따라 분류하고 그 수를 세어 보세요.

맛	초콜릿 맛	딸기 맛	바닐라 맛
학생 수(명)			

2 가장 많은 학생들이 좋아하는 아이스크림은 무슨 맛일까요?

( )

3 가장 적은 학생들이 좋아하는 아이스크림은 무슨 맛일까요?

( )

⊕ 장난감 가게에서 어제 팔린 장난감을 조사하였습니다. 물음에 답하세요.

[4~6]

인형	자동차	자동차	로봇
자동차	인형	로봇	인형
로봇	자동차	인형	자동차
로봇	자동차	인형	자동차

4 장난감을 종류에 따라 분류하고 그 수를 세어 보세요.

종류	인형	자동차	로봇
장난감의 수(개)			

5 가장 많이 팔린 장난감은 무엇일까요?

( )

6 오늘 장난감을 더 팔기 위해 어떤 장난감을 가장 많이 준비하면 좋을까요?

( )

1 여러 가지 방법으로 세어 볼까요

▶ 정답과 풀이 26쪽

⊕ 사과는 모두 몇 개인지 여러 가지 방법으로 세어 보세요. [1~4]

1 하나씩 세어 보세요.

I 2 3 4 5 6 7 ☐

2 2씩 뛰어 세어 보세요.

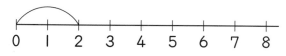

3 2씩 묶어 세어 보세요.

2 — 4 — 6 — ☐

4 사과는 모두 몇 개일까요?

(   )

⊕ 복숭아는 모두 몇 개인지 여러 가지 방법으로 세어 보세요. [5~8]

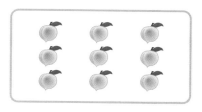

5 하나씩 세어 보세요.

I 2 3 4 5 6 7 8 ☐

6 3씩 뛰어 세어 보세요.

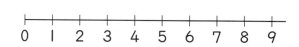

7 3씩 묶어 세어 보세요.

3 — 6 — ☐

8 복숭아는 모두 몇 개일까요?

(   )

2 묶어 세어 볼까요

딸기는 모두 몇 개인지 묶어 세어 보세요. [1~4]

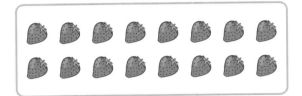

1 2씩 묶어 세어 보세요.

2 — 4 — 6 — 8
10 — 12 — 14 — ☐

2 4씩 묶어 세어 보세요.

4 — 8 — 12 — ☐

3 8씩 묶어 세어 보세요.

8 — ☐

4 딸기는 모두 몇 개일까요?

(   )

수박은 모두 몇 통인지 묶어 세어 보세요. [5~8]

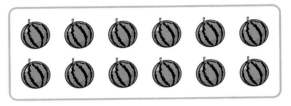

5 2씩 묶어 세어 보세요.

2 — 4 — 6
8 — 10 — ☐

6 3씩 묶어 세어 보세요.

3 — 6 — 9 — ☐

7 6씩 묶어 세어 보세요.

6 — ☐

8 수박은 모두 몇 통일까요?

(   )

▶ 정답과 풀이 **27**쪽

3 몇의 몇 배를 알아볼까요

🔍 그림을 보고 ☐ 안에 알맞은 수를 써넣으세요. [1~6]

1

2씩 ☐ 묶음 ⇨ 2의 ☐ 배

4
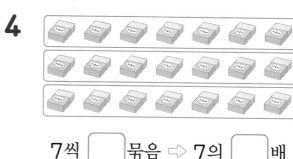

7씩 ☐ 묶음 ⇨ 7의 ☐ 배

2

3씩 ☐ 묶음 ⇨ 3의 ☐ 배

5

9씩 ☐ 묶음 ⇨ 9의 ☐ 배

3

5씩 ☐ 묶음 ⇨ 5의 ☐ 배

6
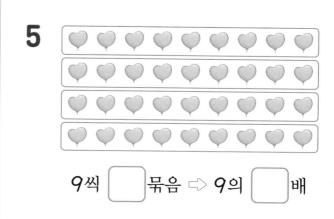
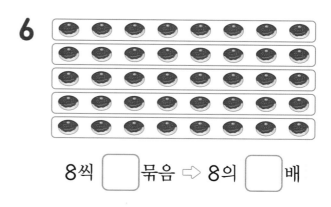

8씩 ☐ 묶음 ⇨ 8의 ☐ 배

4 몇의 몇 배로 나타내 볼까요

오른쪽 바둑돌의 수는 왼쪽 바둑돌의 수의 몇 배인지 구해 보세요. [1~4]

파란색 막대 길이는 빨간색 막대 길이의 몇 배인지 구해 보세요. [5~8]

1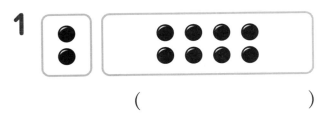

( )

5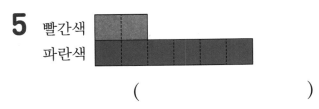

( )

2

( )

6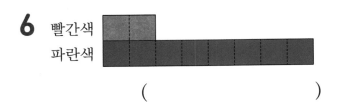

( )

3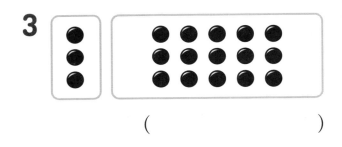

( )

7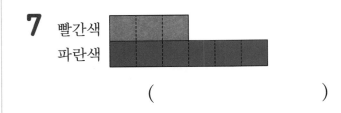

( )

4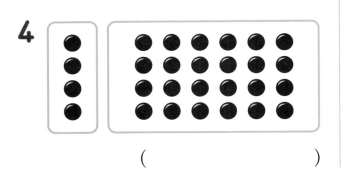

( )

8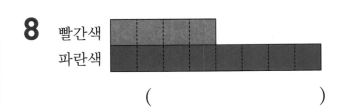

( )

5 곱셈을 알아볼까요

정답과 풀이 **27**쪽

🔍 그림을 보고 ☐ 안에 알맞은 수를 써넣으세요. [1~6]

1

$8+8 \Rightarrow 8 \times \boxed{}$

2

$9+9+9 \Rightarrow 9 \times \boxed{}$

3

$5+5+5+5 \Rightarrow 5 \times \boxed{}$

4

$2+2+2+2+2 \Rightarrow 2 \times \boxed{}$

5

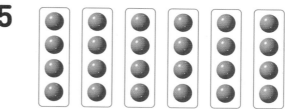

$4+4+4+4+4+4 \Rightarrow 4 \times \boxed{}$

6

$3+3+3+3 \Rightarrow 3 \times \boxed{}$

6
곱셈

▶ 정답과 풀이 **27쪽**

6 곱셈식으로 나타내 볼까요

🔍 그림을 보고 곱셈식으로 나타내 보세요. [1~6]

1

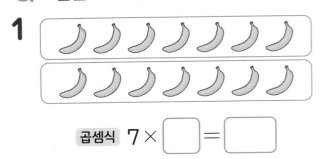

곱셈식 7 × ☐ = ☐

2

곱셈식 4 × ☐ = ☐

3

곱셈식 6 × ☐ = ☐

4

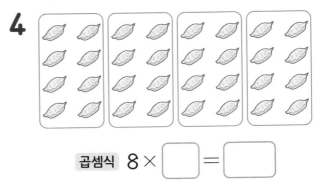

곱셈식 8 × ☐ = ☐

5

곱셈식 4 × ☐ = ☐

6

곱셈식 5 × ☐ = ☐